U0198237

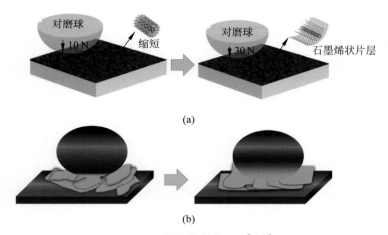

图 1.7　微结构转变原理[48,52]

（a）摩擦诱导碳纳米管转变成类石墨烯薄片；（b）高度剥离态石墨烯向石墨化结构转变

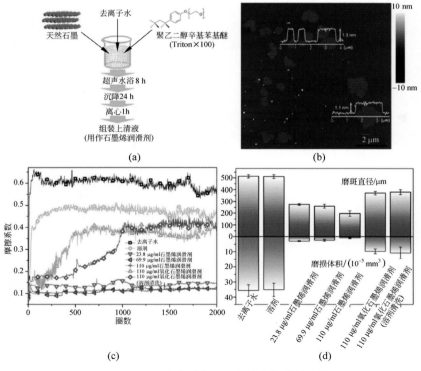

图 1.16　原位球磨剥离石墨烯的摩擦学性能[88]

（a）球磨剥离石墨烯示意图；（b）石墨烯 AFM 图像；

（c）石墨烯润滑添加剂的摩擦系数图；（d）石墨烯润滑添加剂的磨损量图

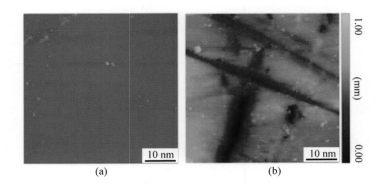

图 2.5　铜盘表面 AFM 图像

（a）光滑表面（$Ra=5$ nm）；（b）粗糙表面（$Ra=135$ nm）

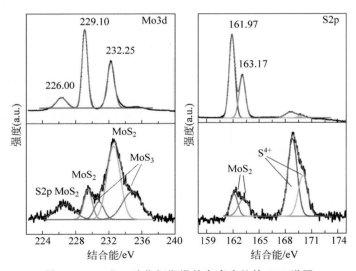

图 2.11　工业二硫化钼润滑的盘磨痕处的 XPS 谱图

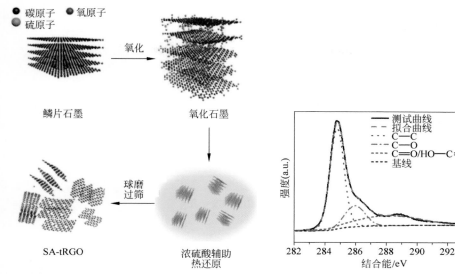

碳原子　氧原子
硫原子

鳞片石墨　→ 氧化 → 氧化石墨

↓

SA-tRGO ← 球磨过筛 ← 浓硫酸辅助热还原

图 3.1　浓硫酸辅助热还原石墨烯示意图

测试曲线
拟合曲线
C—C
C—O
C=O/HO—C=O
基线

强度(a.u.)

结合能/eV

图 3.5　SA-tRGO 的 C1s XPS 谱图

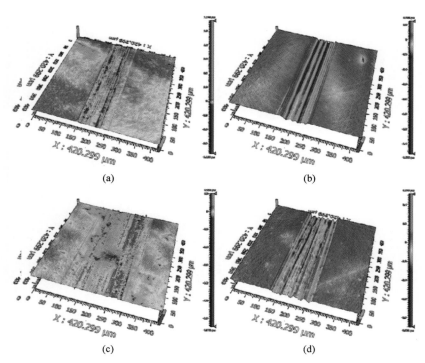

(a)　　　　　　　　　　　(b)

(c)　　　　　　　　　　　(d)

图 3.10　磨痕形貌图(滑动频率 0.4 Hz)

(a) 0.5 wt.% SA-tRGO 润滑的磨痕形貌图(1 GPa)；(b) 基础油润滑的磨痕形貌图(1 GPa)；
(c) 0.5 wt.% SA-tRGO 润滑的磨痕形貌图(1.86 GPa)；(d) 基础油润滑的磨痕形貌图(1.86 GPa)

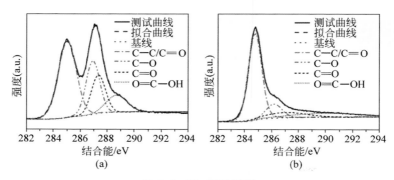

图 4.4　C1s XPS 谱图

（a）GO；（b）HT-tRGO

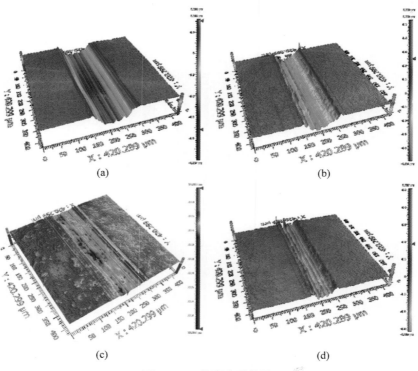

图 4.9　三维磨痕形貌图

（a）基础油；（b）GO，0.5 wt.%；（c）SA-tRGO，0.5 wt.%；（d）HT-tRGO，0.5 wt.%

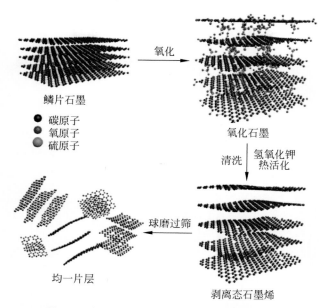

图 5.1　氢氧化钾高温活化还原石墨烯示意图

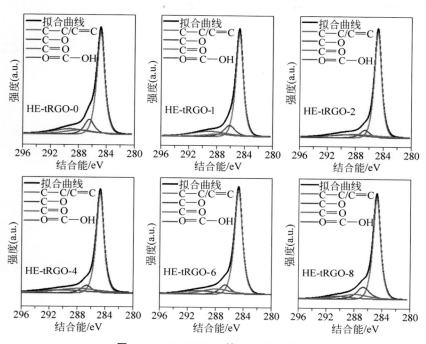

图 5.7　HE-tRGO-n 的 C1s XPS 谱图

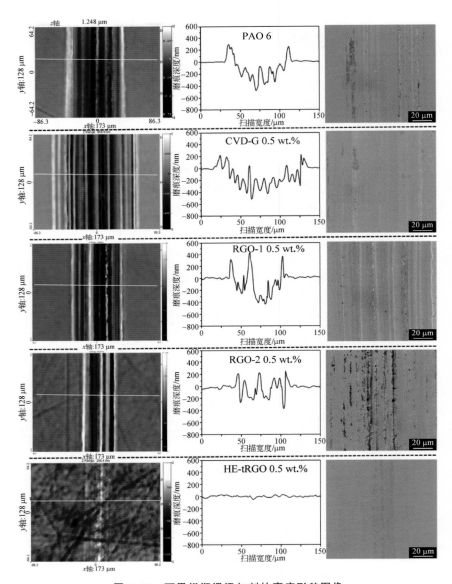

图 5.12　石墨烯润滑添加剂的磨痕形貌图像

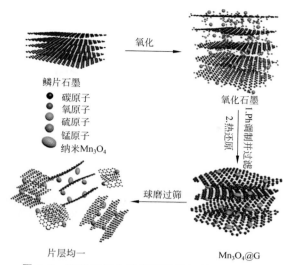

鳞片石墨

- 碳原子
- 氧原子
- 硫原子
- 锰原子
- 纳米Mn₃O₄

氧化石墨

Mn₃O₄@G

片层均一

图 6.3　石墨烯复合纳米润滑添加剂制备示意图

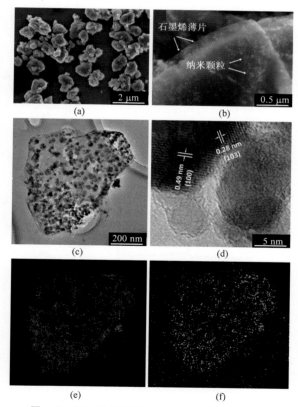

图 6.5　Mn₃O₄@G 的 SEM、TEM 和 EDS 图像

Mn₃O₄ 的 SEM 图像：(a) 低倍放大图，(b) 高倍放大图；

Mn₃O₄ 的 TEM 图像：(c) 低倍放大图，(d) 高倍放大图，(e) Mn 的 EDS 图像，(f) O 的 EDS 图像

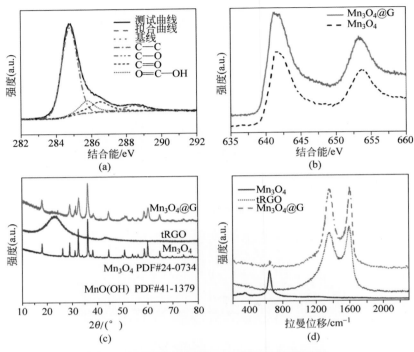

图 6.7　Mn₃O₄@G 的 XPS，XRD 和拉曼谱图

（a）Mn_3O_4@G 的 C1s XPS 谱图；（b）Mn2p XPS 谱图；（c）XRD 谱图；（d）拉曼光谱图

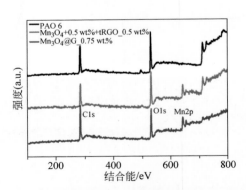

图 6.19　不同润滑条件下的磨痕处 XPS 全谱图

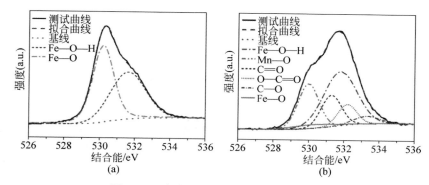

图 6.20　磨痕处的 O1s XPS 谱图（125℃）

（a）基础油；（b）$Mn_3O_4@G\_0.075$ wt. %

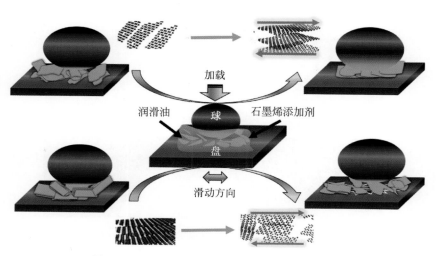

图 7.9　石墨烯润滑添加剂的微观结构演变模型

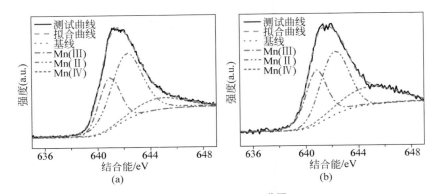

图 7.14   Mn2p XPS 谱图

载荷 2 N,速度 2.4 mm/s,时间 40 min,温度 125℃

(a) Mn$_3$O$_4$@G 润滑添加剂；(b) Mn$_3$O$_4$@G 润滑添加剂润滑表面

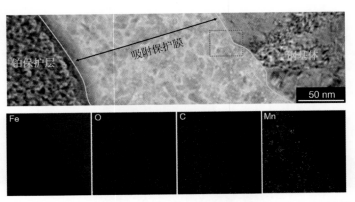

图 7.16   Mn$_3$O$_4$@G 吸附保护膜 TEM 图像和摩擦界面处的 Fe,O,C,Mn 元素 EDS 图像

载荷 2 N,速度 2.4 mm/s,时间 40 min,温度 125℃

清华大学优秀博士学位论文丛书

石墨烯润滑添加剂
微观结构调控及润滑机理

赵 军 (Zhao Jun) 著

The Micro-Structure Regulation and the Lubrication
Mechanism of Graphene Lubricating Additives

清华大学出版社
北 京

内 容 简 介

本书详细介绍了通过优化还原法制备石墨烯工艺过程,创造性地提出浓硫酸辅助热还原、高温惰性气体保护还原、氢氧化钾高温活化还原,以及绿色原位还原制备石墨烯润滑添加剂方法,有效实现了对石墨烯润滑添加剂微观结构的调控,显著提升了石墨烯润滑添加剂的摩擦学性能,并且证实了通过结构调控可使石墨烯添加剂具有超越二硫化钼的润滑性能,显示出了石墨烯润滑添加剂替代传统润滑添加剂的巨大市场前景和发展潜力。

本书可供石墨烯和润滑领域的工程技术人员参考,亦可供摩擦学方向的研究生学习和参考。

图书在版编目(CIP)数据

石墨烯润滑添加剂微观结构调控及润滑机理/赵军著. —北京:清华大学出版社,2021.11

(清华大学优秀博士学位论文丛书)

ISBN 978-7-302-59053-8

Ⅰ.①石… Ⅱ.①赵… Ⅲ.①石墨-纳米材料-添加剂-研究 Ⅳ.①TB383

中国版本图书馆 CIP 数据核字(2021)第 179122 号

责任编辑:戚　亚
封面设计:傅瑞学
责任校对:赵丽敏
责任印制:丛怀宇

出版发行:清华大学出版社
　　　　网　　　址:http://www.tup.com.cn,http://www.wqbook.com
　　　　地　　　址:北京清华大学学研大厦 A 座　　邮　　编:100084
　　　　社 总 机:010-62770175　　　　　　　　　邮　　购:010-62786544
　　　　投稿与读者服务:010-62776969,c-service@tup.tsinghua.edu.cn
　　　　质量反馈:010-62772015,zhiliang@tup.tsinghua.edu.cn
印 装 者:三河市东方印刷有限公司
经　　销:全国新华书店
开　　本:155mm×235mm　　印　张:9.5　　插　页:5　　字　数:171 千字
版　　次:2021 年 12 月第 1 版　　　　　　　印　次:2021 年 12 月第 1 次印刷
定　　价:79.00 元

产品编号:088087-01

一流博士生教育
体现一流大学人才培养的高度（代丛书序）[①]

人才培养是大学的根本任务。只有培养出一流人才的高校，才能够成为世界一流大学。本科教育是培养一流人才最重要的基础，是一流大学的底色，体现了学校的传统和特色。博士生教育是学历教育的最高层次，体现出一所大学人才培养的高度，代表着一个国家的人才培养水平。清华大学正在全面推进综合改革，深化教育教学改革，探索建立完善的博士生选拔培养机制，不断提升博士生培养质量。

学术精神的培养是博士生教育的根本

学术精神是大学精神的重要组成部分，是学者与学术群体在学术活动中坚守的价值准则。大学对学术精神的追求，反映了一所大学对学术的重视、对真理的热爱和对功利性目标的摒弃。博士生教育要培养有志于追求学术的人，其根本在于学术精神的培养。

无论古今中外，博士这一称号都和学问、学术紧密联系在一起，和知识探索密切相关。我国的博士一词起源于2000多年前的战国时期，是一种学官名。博士任职者负责保管文献档案、编撰著述，须知识渊博并负有传授学问的职责。东汉学者应劭在《汉官仪》中写道："博者，通博古今；士者，辩于然否。"后来，人们逐渐把精通某种职业的专门人才称为博士。博士作为一种学位，最早产生于12世纪，最初它是加入教师行会的一种资格证书。19世纪初，德国柏林大学成立，其哲学院取代了以往神学院在大学中的地位，在大学发展的历史上首次产生了由哲学院授予的哲学博士学位，并赋予了哲学博士深层次的教育内涵，即推崇学术自由、创造新知识。哲学博士的设立标志着现代博士生教育的开端，博士则被定义为独立从事学术研究、具备创造新知识能力的人，是学术精神的传承者和光大者。

---

① 本文首发于《光明日报》，2017年12月5日。

博士生学习期间是培养学术精神最重要的阶段。博士生需要接受严谨的学术训练，开展深入的学术研究，并通过发表学术论文、参与学术活动及博士论文答辩等环节，证明自身的学术能力。更重要的是，博士生要培养学术志趣，把对学术的热爱融入生命之中，把捍卫真理作为毕生的追求。博士生更要学会如何面对干扰和诱惑，远离功利，保持安静、从容的心态。学术精神，特别是其中所蕴含的科学理性精神、学术奉献精神，不仅对博士生未来的学术事业至关重要，对博士生一生的发展都大有裨益。

独创性和批判性思维是博士生最重要的素质

博士生需要具备很多素质，包括逻辑推理、言语表达、沟通协作等，但是最重要的素质是独创性和批判性思维。

学术重视传承，但更看重突破和创新。博士生作为学术事业的后备力量，要立志于追求独创性。独创意味着独立和创造，没有独立精神，往往很难产生创造性的成果。1929年6月3日，在清华大学国学院导师王国维逝世二周年之际，国学院师生为纪念这位杰出的学者，募款修造"海宁王静安先生纪念碑"，同为国学院导师的陈寅恪先生撰写了碑铭，其中写道："先生之著述，或有时而不章；先生之学说，或有时而可商；惟此独立之精神，自由之思想，历千万祀，与天壤而同久，共三光而永光。"这是对于一位学者的极高评价。中国著名的史学家、文学家司马迁所讲的"究天人之际，通古今之变，成一家之言"也是强调要在古今贯通中形成自己独立的见解，并努力达到新的高度。博士生应该以"独立之精神、自由之思想"来要求自己，不断创造新的学术成果。

诺贝尔物理学奖获得者杨振宁先生曾在20世纪80年代初对到访纽约州立大学石溪分校的90多名中国学生、学者提出："独创性是科学工作者最重要的素质。"杨先生主张做研究的人一定要有独创的精神、独到的见解和独立研究的能力。在科技如此发达的今天，学术上的独创性变得越来越难，也愈加珍贵和重要。博士生要树立敢为天下先的志向，在独创性上下功夫，勇于挑战最前沿的科学问题。

批判性思维是一种遵循逻辑规则、不断质疑和反省的思维方式，具有批判性思维的人勇于挑战自己，敢于挑战权威。批判性思维的缺乏往往被认为是中国学生特有的弱项，也是我们在博士生培养方面存在的一个普遍问题。2001年，美国卡内基基金会开展了一项"卡内基博士生教育创新计划"，针对博士生教育进行调研，并发布了研究报告。该报告指出：在美国和欧洲，培养学生保持批判而质疑的眼光看待自己、同行和导师的观点同样非常不容易，批判性思维的培养必须成为博士生培养项目的组成部分。

对于博士生而言，批判性思维的养成要从如何面对权威开始。为了鼓励学生质疑学术权威、挑战现有学术范式，培养学生的挑战精神和创新能力，清华大学在 2013 年发起"巅峰对话"，由学生自主邀请各学科领域具有国际影响力的学术大师与清华学生同台对话。该活动迄今已经举办了 21 期，先后邀请 17 位诺贝尔奖、3 位图灵奖、1 位菲尔兹奖获得者参与对话。诺贝尔化学奖得主巴里·夏普莱斯（Barry Sharpless）在 2013 年 11 月来清华参加"巅峰对话"时，对于清华学生的质疑精神印象深刻。他在接受媒体采访时谈道："清华的学生无所畏惧，请原谅我的措辞，但他们真的很有胆量。"这是我听到的对清华学生的最高评价，博士生就应该具备这样的勇气和能力。培养批判性思维更难的一层是要有勇气不断否定自己，有一种不断超越自己的精神。爱因斯坦说："在真理的认识方面，任何以权威自居的人，必将在上帝的嬉笑中垮台。"这句名言应该成为每一位从事学术研究的博士生的箴言。

提高博士生培养质量有赖于构建全方位的博士生教育体系

一流的博士生教育要有一流的教育理念，需要构建全方位的教育体系，把教育理念落实到博士生培养的各个环节中。

在博士生选拔方面，不能简单按考分录取，而是要侧重评价学术志趣和创新潜力。知识结构固然重要，但学术志趣和创新潜力更关键，考分不能完全反映学生的学术潜质。清华大学在经过多年试点探索的基础上，于 2016 年开始全面实行博士生招生"申请-审核"制，从原来的按照考试分数招收博士生，转变为按科研创新能力、专业学术潜质招收，并给予院系、学科、导师更大的自主权。《清华大学"申请-审核"制实施办法》明晰了导师和院系在考核、遴选和推荐上的权力和职责，同时确定了规范的流程及监管要求。

在博士生指导教师资格确认方面，不能论资排辈，要更看重教师的学术活力及研究工作的前沿性。博士生教育质量的提升关键在于教师，要让更多、更优秀的教师参与到博士生教育中来。清华大学从 2009 年开始探索将博士生导师评定权下放到各学位评定分委员会，允许评聘一部分优秀副教授担任博士生导师。近年来，学校在推进教师人事制度改革过程中，明确教研系列助理教授可以独立指导博士生，让富有创造活力的青年教师指导优秀的青年学生，师生相互促进、共同成长。

　　在促进博士生交流方面,要努力突破学科领域的界限,注重搭建跨学科的平台。跨学科交流是激发博士生学术创造力的重要途径,博士生要努力提升在交叉学科领域开展科研工作的能力。清华大学于 2014 年创办了"微沙龙"平台,同学们可以通过微信平台随时发布学术话题,寻觅学术伙伴。3年来,博士生参与和发起"微沙龙"12 000 多场,参与博士生达 38 000 多人次。"微沙龙"促进了不同学科学生之间的思想碰撞,激发了同学们的学术志趣。清华于 2002 年创办了博士生论坛,论坛由同学自己组织,师生共同参与。博士生论坛持续举办了 500 期,开展了 18 000 多场学术报告,切实起到了师生互动、教学相长、学科交融、促进交流的作用。学校积极资助博士生到世界一流大学开展交流与合作研究,超过 60% 的博士生有海外访学经历。清华于 2011 年设立了发展中国家博士生项目,鼓励学生到发展中国家亲身体验和调研,在全球化背景下研究发展中国家的各类问题。

　　在博士学位评定方面,权力要进一步下放,学术判断应该由各领域的学者来负责。院系二级学术单位应该在评定博士论文水平上拥有更多的权力,也应担负更多的责任。清华大学从 2015 年开始把学位论文的评审职责授权给各学位评定分委员会,学位论文质量和学位评审过程主要由各学位分委员会进行把关,校学位委员会负责学位管理整体工作,负责制度建设和争议事项处理。

　　全面提高人才培养能力是建设世界一流大学的核心。博士生培养质量的提升是大学办学质量提升的重要标志。我们要高度重视、充分发挥博士生教育的战略性、引领性作用,面向世界、勇于进取,树立自信、保持特色,不断推动一流大学的人才培养迈向新的高度。

邱勇

清华大学校长

2017 年 12 月 5 日

丛书序二

以学术型人才培养为主的博士生教育,肩负着培养具有国际竞争力的高层次学术创新人才的重任,是国家发展战略的重要组成部分,是清华大学人才培养的重中之重。

作为首批设立研究生院的高校,清华大学自 20 世纪 80 年代初开始,立足国家和社会需要,结合校内实际情况,不断推动博士生教育改革。为了提供适宜博士生成长的学术环境,我校一方面不断地营造浓厚的学术氛围,一方面大力推动培养模式创新探索。我校从多年前就已开始运行一系列博士生培养专项基金和特色项目,激励博士生潜心学术、锐意创新,拓宽博士生的国际视野,倡导跨学科研究与交流,不断提升博士生培养质量。

博士生是最具创造力的学术研究新生力量,思维活跃,求真求实。他们在导师的指导下进入本领域研究前沿,吸取本领域最新的研究成果,拓宽人类的认知边界,不断取得创新性成果。这套优秀博士学位论文丛书,不仅是我校博士生研究工作前沿成果的体现,也是我校博士生学术精神传承和光大的体现。

这套丛书的每一篇论文均来自学校新近每年评选的校级优秀博士学位论文。为了鼓励创新,激励优秀的博士生脱颖而出,同时激励导师悉心指导,我校评选校级优秀博士学位论文已有 20 多年。评选出的优秀博士学位论文代表了我校各学科最优秀的博士学位论文的水平。为了传播优秀的博士学位论文成果,更好地推动学术交流与学科建设,促进博士生未来发展和成长,清华大学研究生院与清华大学出版社合作出版这些优秀的博士学位论文。

感谢清华大学出版社,悉心地为每位作者提供专业、细致的写作和出版指导,使这些博士论文以专著方式呈现在读者面前,促进了这些最新的优秀研究成果的快速广泛传播。相信本套丛书的出版可以为国内外各相关领域或交叉领域的在读研究生和科研人员提供有益的参考,为相关学科领域的发展和优秀科研成果的转化起到积极的推动作用。

感谢丛书作者的导师们。这些优秀的博士学位论文,从选题、研究到成文,离不开导师的精心指导。我校优秀的师生导学传统,成就了一项项优秀的研究成果,成就了一大批青年学者,也成就了清华的学术研究。感谢导师们为每篇论文精心撰写序言,帮助读者更好地理解论文。

感谢丛书的作者们。他们优秀的学术成果,连同鲜活的思想、创新的精神、严谨的学风,都为致力于学术研究的后来者树立了榜样。他们本着精益求精的精神,对论文进行了细致的修改完善,使之在具备科学性、前沿性的同时,更具系统性和可读性。

这套丛书涵盖清华众多学科,从论文的选题能够感受到作者们积极参与国家重大战略、社会发展问题、新兴产业创新等的研究热情,能够感受到作者们的国际视野和人文情怀。相信这些年轻作者们勇于承担学术创新重任的社会责任感能够感染和带动越来越多的博士生,将论文书写在祖国的大地上。

祝愿丛书的作者们、读者们和所有从事学术研究的同行们在未来的道路上坚持梦想,百折不挠! 在服务国家、奉献社会和造福人类的事业中不断创新,做新时代的引领者。

相信每一位读者在阅读这一本本学术著作的时候,在吸取学术创新成果、享受学术之美的同时,能够将其中所蕴含的科学理性精神和学术奉献精神传播和发扬出去。

清华大学研究生院院长

2018 年 1 月 5 日

作者序言

摩擦学(tribology)是摩擦、磨损和润滑科学的总称。摩擦学的研究在国民经济发展中具有重要意义。摩擦是造成能源损失的主要因素,据估计,全世界约 1/3～1/2 的能源消耗都是由摩擦引起的,约 80% 的零件损坏都是由磨损造成的。因此,摩擦学在节能环保、提高机械设备效率,延长使用寿命和增加可靠性等方面发挥着重要作用。同时,摩擦学由于其对工农业生产和人民生活的巨大影响,得到世界各国的普遍重视和日益广泛应用。

石墨烯自从 2004 年发现以来,因其优异的性能得到了科学家的广泛关注,拥有"碳材料之母"的美誉。石墨烯由于其优异的自润滑性能、力学性能和绿色环保的特征,在润滑领域也一直是研究的热点。目前,石墨烯作为润滑添加剂仍存在着制备成本高、产量低、分散性差、润滑效果与传统添加剂相比不占优势等问题,这些也是限制石墨烯类润滑添加剂发展的主要瓶颈。

目前已有很多有关石墨烯的书籍出版,但大都偏重于概括性地介绍石墨烯材料的制备和用途。本书主要专注于石墨烯用作润滑添加剂的领域,较为详细地介绍了通过改进制备方法实现调控石墨烯结构,进而提升润滑性能。全书共 8 章,阐述了浓硫酸辅助热还原、高温惰性气体保护还原、氢氧化钾高温活化还原和绿色原位合成石墨烯复合添加剂 4 种调控石墨烯微观结构的方法,并总结了石墨烯添加剂的润滑机理,提出了对石墨烯润滑添加剂的展望。

本书是在参阅大量专业文献,总结我们多年来的科学研究和实验数据的基础上编写而成的。它是一本适合石墨烯和润滑领域工程技术人员的参考书,亦可供摩擦学方向的研究生学习和参考。

科学技术和经济建设的不断发展,将给石墨烯润滑添加剂增加更多、更新的内容。所以,本书在取材和论述方面可能存在许多不足之处,敬请广大读者批评指正。

最后,在本书编写中引用了国内外许多学者的研究成果,对于他们为摩擦学的发展做出的贡献,以及为本书编写给予热情支持与帮助的同事和研究生们,再一次致以最诚挚的感谢。

赵　军

2021 年 5 月

摘　要

　　石墨烯是新兴的二维层状材料,具有优异的力学特性、化学稳定性和自润滑性能。石墨烯作为纳米润滑添加剂具有显著的环保和摩擦学性能优势,是近年来摩擦学领域研究热点之一。但是,石墨烯润滑添加剂在微观结构和制备工艺方面还缺乏针对性的研究,石墨烯的结构演变机制、润滑减磨机理以及与其他添加剂的协同润滑机理也还没被揭示。针对石墨烯润滑添加剂润滑特性要求,本书系统研究了石墨烯微观结构调控方法、制备工艺以及相应的润滑减磨机理。

　　本书首先对比研究了具有相同微观尺度的工业石墨烯和工业二硫化钼作为纳米润滑添加剂的摩擦学性能:相对于二硫化钼,石墨烯具有优异的抗腐蚀氧化性能,但也发现石墨烯结构缺陷会明显降低其摩擦学性能。为此提出了采用浓硫酸辅助热还原法对其微观结构进行调控并获得了结构规整的石墨烯润滑添加剂,该方法有效抑制了石墨烯褶皱和空洞等结构缺陷,显著提升了其摩擦学性能。研究发现石墨烯的还原和剥离程度对其摩擦学性能有直接影响,因此提出了高温惰性气体保护还原制备石墨烯的方法,对其还原和剥离程度进行了有效调控,获得了润滑性能和自分散性能更优的石墨烯润滑添加剂。为进一步提升石墨烯剥离程度,提出了采用氢氧化钾高温活化还原法调控石墨烯剥离程度的思路和方法,获得了高度剥离态的石墨烯润滑添加剂,其润滑性能和分散稳定性得到了显著提升。此外,该石墨烯还具有超长耐磨稳定性,在连续 12 小时的摩擦磨损实验后仍具有优异的润滑稳定性。

　　润滑性能高温稳定性是润滑添加剂的重要特性,为提升石墨烯润滑添加剂的高温润滑稳定性,结合石墨烯与纳米粒子各自的摩擦学优势,以氧化石墨上的杂质锰离子作为前驱体,提出了绿色原位合成石墨烯复合纳米润滑添加剂的制备方法,解决了石墨烯润滑添加剂高温团聚问题,显著提升了石墨烯润滑添加剂润滑性能的高温稳定性,在高温下可将摩擦系数和磨痕深度分别降低 75% 和 96%。

　　最后,深入研究了不同剥离程度的石墨烯微观结构演变机制及其复合纳米润滑添加剂的润滑机理:石墨烯的剥离程度越高,润滑减磨性能越突出;在摩擦过程中,高度剥离态的石墨烯微观结构向着有序化方向转变,剥离程度较低的石墨烯则会产生结构缺陷。在此基础上,深入分析了四氧化三锰/石墨烯复合纳米润滑添加剂的微观结构特性,通过有效分离复合纳米润滑添加剂中的石墨烯和纳米粒子,研究了各自的润滑效应,揭示了石墨烯复合纳米润滑添加剂的协同润滑机理。

关键词:摩擦磨损;润滑添加剂;石墨烯;结构调控;协同润滑

Abstract

Graphene is a typical two-dimensional layered material and shows a variety of significant properties, such as excellent mechanical strength, good chemical stability, self-lubrication, etc. Used as a nano-lubricating additive, graphene can achieve much potential tribological properties, especially which shows environmentally friendly preformence. However, few specific studies have been done on the micro-structure and corresponding preparation method of graphene as a nano-lubricating additive. In addition, the micro-structure evolution of the graphene additives during friction is still unknown, and the synergistic lubrication effect of graphene-based nanocomposites in lubricants has not been revealed as well. This book concentrates on these problems and studies the micro-structure regulation, corresponding preparation methods and lubrication mechanism of graphene to develop excellent nano-lubricating additives.

As typical two-dimensional material, graphene and molybdenum disulfide both show excellent tribological properties. Thus, a comparative study was done firstly on the tribological properties of industrial graphene and molybdenum disulfide additives with same micro size. Compared with the molybdenum disulfide additive, the graphene additive has better anti-oxidation property, which is important for a lubricating additive. However, the considerable friction-induced structural defects of the graphene obviously decrease the tribological properties. Therefore, to regulate the microstructure of the graphene, a new synthesis method of thermal reduction of graphite oxide in sulfuric acid was proposed for preparing the graphene additive. The structural defects of the graphene, such as obvious wrinkles and holes, can be effectively reduced, and the tribological properties of the graphene lubricating additive is improved dramatically. To increase the reduction and the exfoliation degrees of graphene, the thermal reduction of graphite oxide was synthesized at high temperature under Ar atmosphere. The obtained graphene lubricating additive shows better tribological properties and self-dispersion stability. The analysis results show that the exfoliation degree of graphene plays a key role in the tribological properties and self-dispersion stability. To further exfoliate the graphene, a reduction method by the activation of KOH at high temperature was proposed. And highly exfoliated graphene lubricating additive was obtained, which shows excellent tribological properties and self-dispersion stability, expecially excellent lubrication stability.

To improve the lubricating stability ofthe graphene additives at high temperature, a synthesis method was proposed to prepare $Mn_3O_4/$ graphene nanocomposite, which combines the advantages of graphene and nanoparticles. For the method, the Mn^{2+} impurities in the graphite oxide were used as the precursor of the nanoparticles. Thus, the method is green and in-sute. The obtained nanocomposite shows superior tribological properties at high temperature. At the high temperature of 125℃, the friction coefficient and the wear depth can be respectively decreased by 75% and 96%, even an ultralow concentration (0.075 wt. %) of the nanocomposite is used.

The micro-structure evolution of the graphene additives and the lubrication mechanism of the graphene-based nanocomposite have been deeply studied The higher degree of exfoliation, the better triboloical properties of the graphene additives. During friction, the graphene with higher degree of exfoliation will change to order and even graphitization, whereas the graphene with lower degree is prone to being defects and disorders. To reveal the lubrication mechanism of the graphene-based nanocomposite, the own lubricating effects of graphene and nanoparticles in the nanocomposites were studied respectively. At last, the synergistic lubrication mechanism of the nanocomposite was revealed.

Key words: friction and wear; lubricating additives; graphene; structure regulation; synergistic lubrication

主要符号对照表

AFM	原子力显微镜（atomic force microscope）
SEM	扫描电子显微镜（scanning electron microscope）
TEM	透射电子显微镜（transmission electron microscope）
XPS	X 射线光电子能谱（X-ray photo-electron spectroscopy）
XRD	X 射线衍射（X-ray diffraction）
EELS	电子能量损失谱（electron energy loss spectrum）
EDS	能谱（energy spectrum）
CVD	化学气相沉积（chemical vapor deposition）
PVD	物理气相沉积（physical vapor deposition）
FIB	聚焦离子束（focused ion beam）
GO	氧化石墨（graphite oxide）
RGO	还原氧化石墨烯（reduced graphene oxide）
tRGO	热还原石墨烯添加剂（thermally reduced graphene）
d-tRGO	直接热还原石墨烯（directly themally reduced graphite oxide）
SA-tRGO	浓硫酸辅助热还原石墨烯润滑添加剂（thermally reduced graphite oxide in sulfuric acid）
HT-tRGO	高温惰性气体保护还原石墨烯润滑添加剂（thermally reduced graphene by high temperature）
HE-tRGO	氢氧化钾高温活化还原石墨烯润滑添加剂（thermally reduced graphene with high exfoliation）
Mn_3O_4@G	四氧化三锰/石墨烯复合纳米润滑添加剂（Mn_3O_4 nanoparticels/graphene nanocomposites）
CVD-G	化学气相沉积石墨烯
PAO 6	基础油
$KMnO_4$	高锰酸钾
KOH	氢氧化钾
H_2SO_4	硫酸
H_2O_2	过氧化氢

h	时
min	分
s	秒
g	克
mg	毫克
L	升
mL	毫升
wt. %	质量百分比
at. %	原子百分比
m	米
cm	厘米
mm	毫米
μm	微米
nm	纳米
℃	摄氏度
HV	维氏硬度
R_a	粗糙度
ϕ	直径
eV	电子伏
Ph	酸碱度
r/min	转每分钟
Pa	帕
Å	埃
Hz	赫兹
N	牛
n	活化比

目　录

Contents

第1章　绪　　论

1.1　研究背景

　　能源的高消耗和低利用率使能源的需求迅猛增长。摩擦及其产生的磨损，对全世界范围内的能源、经济和环境等带来了巨大影响，如图 1.1 所示[1]。据统计，摩擦会消耗全世界 1/3 的一次性能源。交通运输装备的近 1/2 的功率消耗在各种摩擦上，机械装备中约有 4/5 的零部件都是因为磨损而失效[2-4]。此外，摩擦同样造成了严重的表面腐蚀和环境污染问题[4-6]。

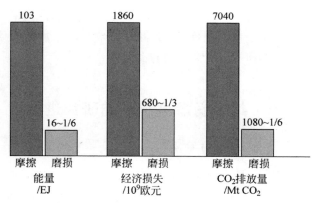

图 1.1　全球范围内由摩擦磨损造成的能源消耗、经济损失和 CO_2 排放量统计图[1]

　　润滑是控制并降低摩擦磨损的最为有效的方法之一，对节能减排以及环境保护具有重要的意义。润滑介质主要包括固体润滑剂和液体润滑剂。常见的固体润滑剂有二硫化钼涂层，类金刚石涂层和聚合物涂层等材料，主要应用于高真空的空间环境及高端机械电子如机器人和计算机等领域。由于其具有良好的自润滑特性，在摩擦界面上可以形成易剪切的转移膜，保护摩擦副不受磨损。不过固体润滑剂的使用条件比较苛刻且受环境影响较大,长时间的使用容易被消耗。液体润滑剂在机械工业中的应用最为广泛。在滑动摩擦过程中,液体润滑剂可以在摩擦副界面上形成流体动压或弹流润滑承载膜,防止摩擦副表面粗糙峰的直接接触,达到了润滑减磨的效果。然而,在机械装备启停阶段和变工况情况下,液体润滑剂在摩擦副之间不能形成稳定的润滑膜,而是产生了边界润滑和混合润滑状态。机械装备的磨损主要是在该润滑状态下产生的。在润滑介质中添加润滑添加剂是降低边界润滑状态下的摩擦磨损最为有效的途径之一。传统的润滑添加剂如有机磷化物,有机硫化物和有机金属化合物等虽然具有良好的分散稳定性和润滑减磨性能,但是均存在不同程度的问题,例如自身具有毒性,在摩擦热作用下产生二次毒性气体,以及摩擦后造成表面腐蚀等问题[6-9]。

　　近年来,纳米材料具有独特的物理化学性能,在润滑、能源和生物等领域得到了大量的研究。纳米材料应用于润滑添加剂同样得到了广泛关注。研究人员对纳米润滑添加剂的摩擦学性能和润滑减磨机理开展了大量工作。研究发现,纳米材料具有优异的润滑减磨性能,可大幅提升润滑油的摩擦学性能。纳米润滑添加剂在降低机械装备的能源消耗和环保方面具有突出效果,尤其是石墨烯润滑添加剂具有的环保无公害特点,具有替代传统润滑添加剂的重要应用价值。因此,下文将对纳米润滑添加剂的研究进展和石墨烯润滑添加剂的研究现状进行详细综述。

1.2　纳米润滑添加剂的研究进展

1.2.1　纳米润滑添加剂的种类

　　随着纳米科技的不断发展,纳米材料已成为物理学、化学和材料学等多学科交叉研究的热点。纳米材料优异的物理化学性质和自润滑特性,为应用于纳米润滑添加剂的研究奠定了重要基础。研究发现,纳米材料作为润滑添加剂可以使润滑油的润滑减磨性能大幅提升:一方面,在摩擦过程中,纳米材料具有小尺寸优势,很容易进入摩擦接触区,形成一层摩擦保护膜使得摩擦副表面不被磨损;另一方面,纳米材料表面活性高,能够通过物理或化学吸附效应提升摩擦保护膜的成膜稳定性。

　　纳米润滑添加剂主要归纳为以下两大种类:金属基纳米润滑添加剂和碳基纳米润滑添加剂,如表 1.1 所示。其中,金属基纳米润滑添加剂主要包括金属单质[10-14](纳米铜、纳米银和纳米铅等)、金属氧化物[15-17](氧化铜、氧化锆和氧化锌等)和金属硫化物[18-20](二硫化钼、二硫化钨和硫化铜等)。另外,金属氢氧化物及金属盐等纳米润滑添加剂均有相关研究报道[21-23]。碳基纳米润滑添加剂[24-29]主要包括纳米金刚石、碳纳米管和石墨烯等。聚合物纳米润滑添加剂[30-32]如聚四氟乙烯同样也得到了广泛的研究。近年来,为融合不同添加剂的润滑性能优点,研究人员也研究了金属基纳米材料与碳纳米材料相结合的复合纳米润滑添加剂[33-35],如表 1.1 所示。

表 1.1 纳米润滑添加剂分类

金属基纳米材料				碳基纳米材料		复合纳米材料
金属单质	金属氧化物	金属硫化物	其他金属化合物	碳单质	聚合物	
纳米铜、纳米银,纳米锡和纳米铅等	氧化铜、氧化锌、氧化铅和氧化锆等	二硫化钼、二硫化钨、硫化铜和硫化银等	氢氧化锌、碳酸钙、硼酸钛和三氟化镧等	纳米金刚石、富勒烯、碳纳米管和石墨烯等	聚四氟乙烯和聚苯乙烯等	聚苯乙烯/二氧化钛、纳米铜/石墨烯和氧化铁/复合石墨烯等

1.2.2 纳米润滑添加剂的摩擦学性能

纳米润滑添加剂的种类较多,本节主要综述了金属和碳基纳米润滑添加剂的发展概况。早在 20 世纪 80—90 年代,Hisakado 等[36]和夏延秋等[37]通过实验研究证实了铜纳米润滑添加剂在基础油中具有良好的润滑减磨性能。随之,周静等[38]和 Tarasov 等[39]通过表面化学修饰制备出了可在润滑油中稳定分散的铜纳米润滑添加剂。研究发现,当颗粒浓度为 0.3 wt.%时,其具有优异的减磨性能,如图 1.2 所示。由于铜纳米粒子具有低熔点和易剪切特性,在摩擦热作用下能够在摩擦接触区形成稳定的吸附保护膜。在摩擦过程中通过内剪切滑动作用表现出良好的润滑减磨性能。基于以上研究,其他低熔点纳米金属材料如纳米银粒子和纳米 In-Si 合金等作为纳米润滑添加剂同样得到了大量的研究[40-41]。通过对比研究发现[16-17,42],金属氧化物纳米润滑添加剂如 ZnO,SiO_2 和 ZrO_2 等具有不同程度的润滑减磨特性。金属氧化物纳米润滑添加剂的润滑减磨性能与颗粒尺寸,硬度和浓度密切相关。有些纳米粒子如 ZnO 是通过在摩擦粗糙微凸体间形成微滚动效应实现减摩作用的,并不一定是在摩擦界面上形成沉积保护膜。此外,金属硫化物纳米润滑添加剂一直是本领域研究的热点。硫元素能够促进纳米粒子在摩擦界面上形成化学吸附保护膜。例如二硫化钼和二硫化钨润滑添加剂可以与金属摩擦配副发生摩擦化学作用,生成稳定的吸附膜。另外,其均呈二维层状结构,层间具有较弱的范德华力作用。在摩擦剪切力作用下,容易产生层间滑移作用从而降低摩擦磨损,如图1.3所示。

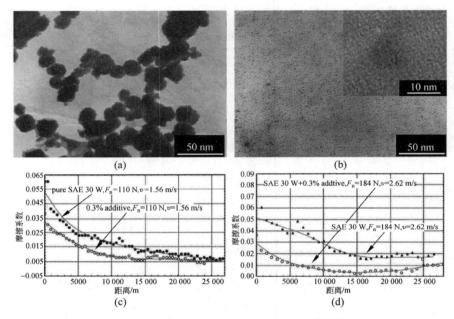

(a)　　　　　　　　　　　　　(b)

(c)　　　　　　　　　　　　　(d)

图 1.2　纳米铜粒子表征及摩擦学性能[38-39]

(a) 纳米铜粒子在表面化学修饰之前的透射电子显微镜(transmission electron microscope,TEM)图像;

(b) 纳米铜粒子在表面化学修饰之后的 TEM 图像;

(c) 纳米铜粒子润滑添加剂摩擦系数随滑动距离变化图(110 N,1.56 m/s);

(d) 纳米铜粒子润滑添加剂在摩擦系数随滑动距离变化图(184 N, 2.62 m/s)

近年来,Zhang 等[45]研究了不同形貌的二硫化钼纳米润滑添加剂,发现具有片层形貌的二硫化钼摩擦学性能明显优于花瓣状结构,说明具有层状结构的二硫化钼更容易实现层间滑移作用。Hu 等[46]得出类球状的二硫化钼相比于层状结构具有更明显的抗氧化性能,进而提升了二硫化钼的润滑稳定性。Luo 等[18]研究了超薄二硫化钼较其他结构的金属硫化物具有更为优异的极压特性,主要是因为超薄纳米片更容易进入摩擦接触区。

相比于金属硫化物添加剂,碳纳米材料因不含硫和磷等活性元素,对环

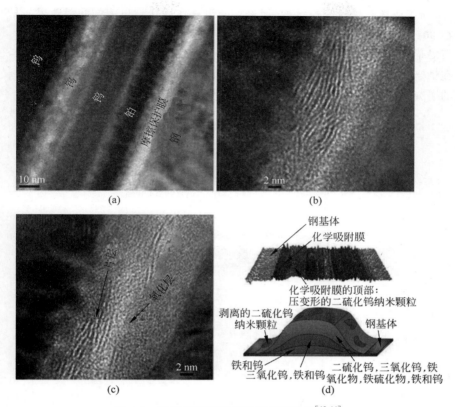

图 1.3　二硫化钼摩擦化学吸附膜表征[43-44]

（a）二硫化钼摩擦化学吸附膜投射电镜图像（transmission electron microscope，TEM）；
（b），（c）不同区域的吸附膜高倍投射电镜图像（high resolution transmission electron microscope，
HREM）；（d）二硫化钨摩擦化学吸附膜模型

境危害小，作为润滑添加剂的研究同样得到了极大的发展。Luo 等[24]早期
研究了纳米金刚石在不同润滑状态下对基础油的润滑性能的影响。研究发
现，纳米金刚石能够提升油膜承载能力，进而促进了基础油的润滑性能。
Joly 等[25]对比研究了纳米金刚石和富勒烯作为润滑添加剂的摩擦学性能。
金刚石属硬质颗粒在摩擦过程中容易划伤摩擦界面。相比于纳米金刚石，
富勒烯在摩擦过程中易发生剪切形变甚至剥离成片层颗粒而具有更加优异
的抗磨损性能。Fang 等[47]发现表面化学修饰后的碳纳米管在基础油中能
够良好分散，并且可以在摩擦界面上形成"分子刷"排列，从而起到一定的滚
动润滑效应。Wang 等[48]研究发现碳纳米管壁在高载荷作用下能够被打

开,剥离成类石墨烯片层结构,通过层间滑移作用达到显著的润滑效果。早在 2011 年,石墨烯被 Erdemir 等[29]首次应用于纳米润滑添加剂的研究中。石墨烯润滑添加剂具有优异的润滑性能,如图 1.4 所示。在此之后,石墨烯在纳米润滑添加剂领域的相关研究得到了迅速的发展。石墨烯润滑添加剂的研究现状将在后面详细介绍。

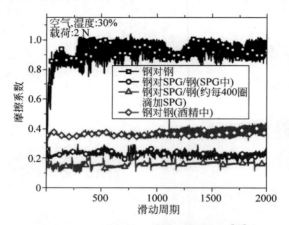

图 1.4　石墨烯润滑添加剂润滑性能[29]

1.2.3　纳米润滑添加剂的润滑减磨机理

机械装备在正常运行过程中的润滑油膜可有效地将摩擦副隔开而降低磨损,但是在设备启停、变速变载以及苛刻工况下,摩擦界面不能获得持续的流体动压和弹流润滑膜,即产生混合润滑和边界润滑状态。因此,提高关键摩擦副的混合润滑和边界润滑性能是提高润滑油抗磨损性能的关键。大量研究表明,纳米润滑油添加剂在边界润滑状态下具有优异的摩擦学性能。纳米润滑添加剂的润滑减磨机理研究对纳米润滑材料制备工艺的优化设计具有重要的研究意义。因此,在总结前人在纳米润滑添加剂摩擦学性能研究工作的基础上,归纳出其润滑减磨机理,具体包括如下四个方面:

1) 吸附保护膜机理

纳米润滑添加剂由于具有纳米尺寸效应使得其表面活性比较高,在润滑过程中能够吸附在摩擦表面上形成保护膜,从而防止在摩擦过程中造成的摩擦副表面粗糙峰的直接接触。这种吸附作用主要包括物理吸附和化学吸附。例如,纳米铜、纳米银和石墨烯润滑添加剂化学活性相对较低,主要通过在摩擦表面上形成物理吸附保护膜,达到填充和修复磨损表面效果[10,12,29],如

图 1.5 所示；而硫化锌、二硫化钨和二硫化钼等含有极性原子能够产生摩擦化学作用[8,45,49]，在摩擦界面上形成稳定的化学吸附膜(图 1.3)，进而降低了摩擦副的直接接触并提升了润滑减磨性能。

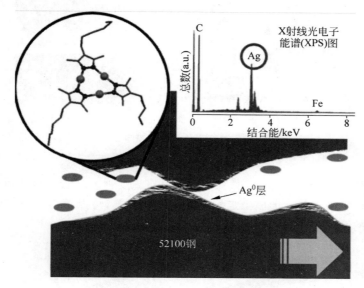

图 1.5 物理吸附保护膜模型[50]

2）微滚动轴承机理

具有球形结构的纳米粒子在摩擦滑动过程中，可以在摩擦副粗糙峰之间产生"微区滚动"，使相对滑动摩擦转变为滚动摩擦状态，从而提升润滑油的润滑减磨效果[17,24,47]，如图 1.6 所示。研究人员最早研究了纳米金刚石颗粒的润滑减磨性能，发现其能够通过微滚动效应起到润滑的作用[24]。另外聚合物纳米润滑添加剂在低载荷摩擦过程中可通过表面成膜和微滚动效应起到润滑的作用，而在高载荷作用下聚合物纳米润滑添加剂的"微区滚动"作用容易失效[47]。

3）微结构转变机理

纳米润滑添加剂在摩擦过程中的微观结构变化同样会影响其润滑减磨性能。碳纳米润滑添加剂微观结构容易向有序化转变，进而促进润滑减磨性能。例如，富勒烯和碳纳米管润滑添加剂在摩擦过程中会剥离成小片层纳米石墨，在滑动过程中可实现易剪切的层间滑移作用，其类似于石墨烯的润滑过程[25]。不过石墨烯在长时间摩擦之后其微观结构会发生缺陷和无

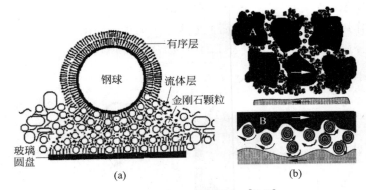

图 1.6　微滚动轴承效应模型[24,51]

（a）纳米金刚石的微滚动轴承效应模型；（b）类富勒烯二硫化钨微滚动轴承效应模型

序化转变，进而导致润滑失效[8,29]。而具有高度剥离态的石墨烯润滑添加剂在摩擦界面上能够形成稳定的有序边界吸附膜，可显著提升石墨烯润滑添加剂的摩擦学性能[52]，如图 1.7 所示。

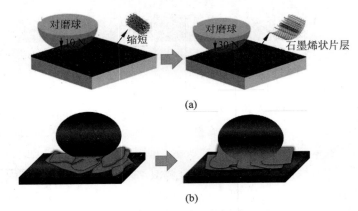

图 1.7　微结构转变原理[48,52]**（前附彩图）**

（a）摩擦诱导碳纳米管转变成类石墨烯薄片；（b）高度剥离态石墨烯向石墨化结构转变

4）协同抗磨损机理

纳米润滑添加剂在润滑油当中并不是孤立存在着，在摩擦过程中往往与其他添加剂、润滑油以及改性界面等协同作用实现润滑减磨作用。例如，石墨烯与金属纳米粒子形成复合纳米润滑添加剂可有效提升石墨烯的润滑和分散稳定性[53-56]；石墨烯表面负载纳米粒子可以提高石墨烯的空间位阻效应,进而提升了纳米润滑添加剂在润滑油当中的分散稳定性。石墨烯和纳米粒子可以在摩擦界面上共同形成吸附保护膜,如图 1.8 所示。此外,在添加纳米润滑添加剂的基础上,通过对摩擦表面改性处理(如表面渗氮,涂层和织构化等)同样可以实现纳米润滑添加剂和改性表面之间的协同复合润滑作用[57-59]。

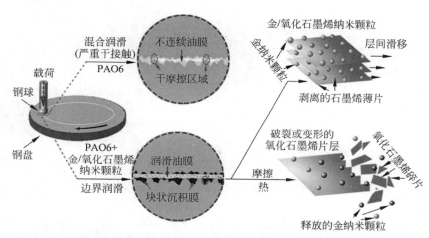

图 1.8　金/石墨烯复合纳米润滑添加剂协同抗磨损模型[56]

1.3　石墨烯润滑添加剂的研究现状

1.3.1　石墨烯的结构和性质

2004 年,英国科学家 Germ 和 Novoselov 等[60]通过胶带剥离石墨方法首次制备出稳定的单层石墨烯,并于 2010 年获得诺贝尔物理学奖。石墨烯是只有一层原子厚度的石墨,被誉为“碳材料之母”,它可以转变成富勒烯、碳纳米管和石墨[61],如图 1.9 所示。石墨烯具有二维晶体结构,单层石墨烯厚度仅为 0.35 nm,碳碳单键长度为 0.142 nm[62-63],如图 1.10 所示。石墨烯中碳原子通过高稳定性的 σ 键并附带 π 键作用与相邻的 3 个碳原子形成稳定的六边形平面结构。该特殊结构赋予其极高的力学特性。石墨烯的杨氏模量为 1.1 TPa,强度可以达到 130 GPa,是钢材料的 100 多倍[64-65]。石墨烯巨大的比表面积(2630 m^2/g[66])使其能够与润滑油分子充分地接触并相互吸附,提升了其在润滑油中的分散和润滑性能[67-68]。

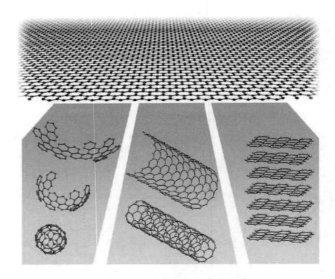

图 1. 9   被誉为"碳材料之母"[61]的石墨

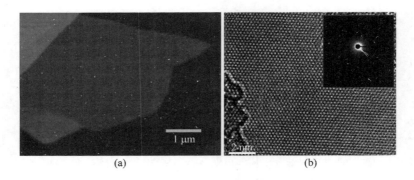

图 1. 10   单层石墨烯表征[60,63]

(a) 单层石墨烯的原子力显微镜(atomic force microscope, AFM)图像；

(b) 单层的石墨烯 TEM 图像

1.3.2   石墨烯的制备方法

到目前为止,最常见的石墨烯制备方法包括微机械剥离法、物理和化学气相沉积以及化学氧化-还原法等[69-71]。不同制备方法得到的石墨烯的质量与其成本密切相关,如图 1.11 所示。

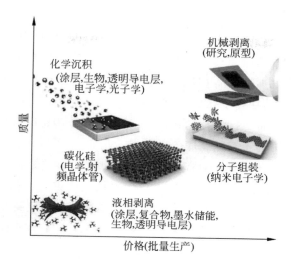

图 1.11 石墨烯的制备质量与其成本关系[72]

1) 微机械剥离法

微机械剥离是最早用于制备石墨烯的方法。1999 年 Lu 等[73]用原子力显微镜探针从热解石墨中机械剥离出单原子层的石墨。有关单层石墨烯的最早报道是在 2004 年由 Novoselov 等[60]通过机械剥离制备出来的。该方法通过透明胶带将单层石墨烯从定向热解石墨晶体中分离出来。Zhang 等[74]进一步利用没有尖端的 AFM 悬臂实现了在微观尺度下通过剥离石墨晶体制备出石墨烯。León 等[75]提出了一种利用化学剥离剂辅助球磨制备石墨烯的方法,可在宏观尺度下较为快速、规模地制备石墨烯,如图 1.12 所示。虽然微机械剥离是制备高质量石墨烯的有效方法,并适用于科学研究,但是其费时费力,难以精确控制,重复性较差,很难大规模地制备石墨烯。

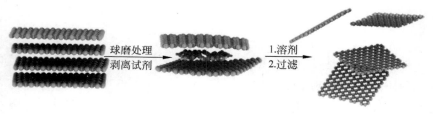

图 1.12 球磨法剥离石墨烯过程示意图[75]

2）物理和化学气相沉积法

通过物理气相沉积（physical vapor deposition，PVD）可以获得少层石墨烯薄膜，例如在高温和真空条件下可通过在碳化硅基底外延生长出石墨烯薄膜[76]。通过加热单晶 6H-SiC 脱去 Si，从而得到在 SiC 表面外延的石墨烯。该石墨烯薄层厚度在 1~2 层，如图 1.13 所示。不过通过这种方法得到的石墨烯受 SiC 衬底的影响较大。其缺点在于制得的石墨烯一方面导电性不佳，另一方面不易从基底分离出来。此外，也可以通过化学气相沉积（chemical vapor deposition，CVD）获得石墨烯，即通过烃类分解出碳原子沉积在基底表面形成石墨烯薄片[77-78]。生长基体主要包括 Ni，Cu 和 Ru 金属及其合金等，该方法可制备出大面积石墨烯。但其制备出来的石墨烯难以转移到其他基体上。此外，工艺复杂、成本较高等因素同样制约了 CVD 制备石墨烯的发展。

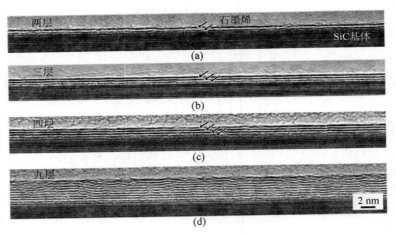

图 1.13　石墨烯在碳化硅（0001）晶面的 TEM 图像[76]

(a) 1350℃，0.5 h；(b) 1450℃，0.5 h；(c) 1400℃，1.0 h；(d) 1500℃，0.5 h

3）化学氧化-还原法

氧化-还原法是目前最常见的制备石墨烯方法。该方法主要由石墨的氧化和还原两大步骤组成。氧化石墨（graphite oxide，GO）是制备还原氧化石墨烯（reduced graphene oxide，RGO）的前驱体。常见的制备 GO 的方法是 Hummers 法和改进的 Hummers 法[79-80]。在强酸体系（浓硫酸）中，石墨经过强氧化剂(高锰酸钾)处理等一系列环节可制成 GO。得到结构完整的 GO 为大规模制备 RGO 奠定了基础。目前制备 RGO 的方法主要有化学还原法、水热还原法、高温热还原法等[81]，如图 1.14 所示。以上三种还原方法，不仅过程简单、易于控制，而且周期短、成本低，是目前制备还原氧化石墨烯较为常用的还原方法。化学还原法是将化学还原剂加入 GO 分散液中。控制反应体系温度，在水浴条件下对 GO 进行还原。常用的还原剂有水合肼、苯肼等肼类还原剂[81-82]。由于其具有成本高和毒性大的缺点，该系列还原剂逐渐被限制使用。水热还原法可以有效防止有毒气体的挥发，但是保持高温高压状态具有一定的安全隐患[83]；高温热还原法[84-86]一般是在空气、惰性气体或者真空环境下，控制一定的温度条件对 GO 进行焙烧处理，结构中的含氧基团以 H_2O 和 CO_2 等形式逸出，从而获得 RGO。该方法操作简单、经济环保，并可以大批量地制备石墨烯。

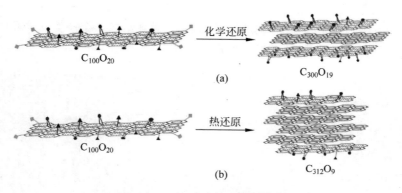

图 1.14 石墨烯结构示意图[84]

(a) 化学还原；(b) 热还原

总之，石墨烯的制备工艺得到了研究人员的广泛研究。目前石墨烯的制备方法在不断更新，但仍然有许多问题尚待解决。化学氧化-还原方法因其产量高、成本低、制备周期短等优势，是石墨烯制备中最具工业化生产和应用潜力的一种方法。

1.3.3 石墨烯润滑添加剂的摩擦学性能

石墨烯不仅具有碳基纳米润滑添加剂的绿色环保优势，而且具有二维材料的优异特性,例如独特的层状结构、优异的力学和物理化学性质。石墨烯润滑添加剂摩擦学性能与其制备工艺过程和微观结构形态密切相关。因此,石墨烯润滑添加剂摩擦学性能的研究主要包括以下四个方面:机械剥离石墨烯润滑添加剂;氧化-还原及化学改性石墨烯润滑添加剂;石墨烯复合纳米润滑添加剂以及特殊微结构石墨烯润滑添加剂。

1) 机械剥离石墨烯润滑添加剂

Erdemir 等[29]最早将微机械剥离的少层石墨烯应用于润滑添加剂的研究,并发现石墨烯由于片层极薄容易进入摩擦接触区并实现层间滑移作用。石墨烯不仅具有优异的润滑减磨性能(图 1.4),而且能够有效抑制摩擦表面的氧化腐蚀。如图 1.15 所示,不添加石墨烯润滑添加剂的磨痕宽度较大并产生了氧化腐蚀现象,因为在拉曼光谱中的 700 cm^{-1} 处产生了铁的氧化物拉曼峰位[87],而添加石墨烯可有效解决氧化腐蚀问题。Liang 等[88]通过原位球磨剥离制备了少层的石墨烯纳米片,并可在极低分散浓度下实现了优异的润滑减磨性能,如图 1.16 所示。不过,机械剥离的石墨烯无论是少层的还是多层的,在摩擦过程中,其微观结构均会产生缺陷并向无序化方向转变,进而导致润滑不稳定[8,29,88]。

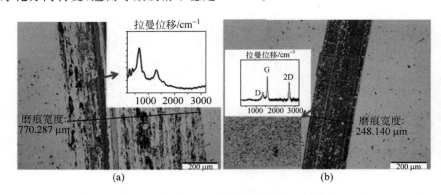

图 1.15　微机械剥离石墨烯磨痕形貌图[29]

(a) 纯润滑介质的磨痕形貌图;

(b) 添加石墨烯润滑添加剂的磨痕形貌图,插图为磨痕处的拉曼光谱图

2) 氧化-还原及化学改性石墨烯润滑添加剂

由于氧化-还原石墨烯具有制备过程简单并可大批量制备的优势,氧化-还原及化学改性的石墨烯润滑添加剂同样得到了广泛的研究。相比于

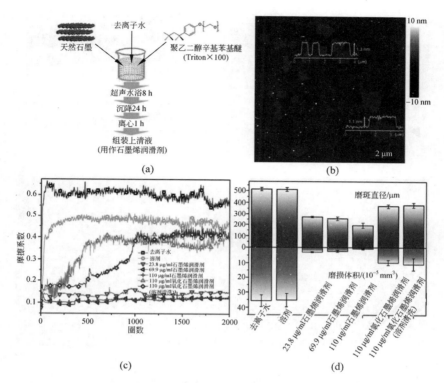

图 1.16　原位球磨剥离石墨烯的摩擦学性能[88]（前附彩图）

（a）球磨剥离石墨烯示意图；（b）石墨烯 AFM 图像；

（c）石墨烯润滑添加剂的摩擦系数图；（d）石墨烯润滑添加剂的磨损量图

氧化石墨烯[89]，还原氧化石墨烯具有更为优异的摩擦学性能[90]。Varrla 等[91]采用聚焦光辐射还原方法将氧化石墨高度还原成超薄石墨烯，然后通过超声分散法将石墨烯均匀分散在润滑油中。当石墨烯的质量浓度为 0.025 mg/mL 时，其摩擦系数和磨痕直径分别降低了 80% 和 33%，如图 1.17 所示。Luo 等[92]为抑制还原过程产生的褶皱空洞等缺陷，采用浓硫酸辅助热还原制备出少缺陷的石墨烯润滑添加剂，并发现该石墨烯的摩擦学性能相比于含缺陷的石墨烯更为优异。Harshal 等[93]通过化学修饰将烷烃基嫁接到氧化石墨烯边缘上，即得到烷基化的石墨烯润滑添加剂。该烷基化石墨烯润滑添加剂具有良好的分散性能，但其润滑性能不稳定，其摩擦系数

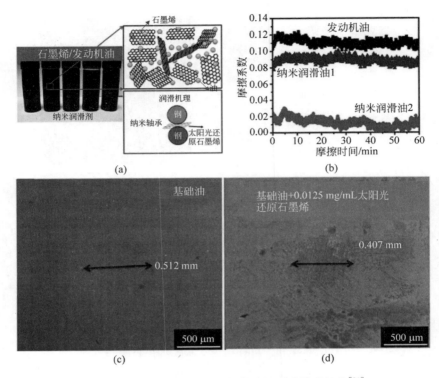

图 1.17　石墨烯润滑添加剂的制备及其摩擦学性能[91]

(a) 氧化-还原方法制备石墨烯润滑添加剂示意图；(b) 摩擦系数随滑动时间变化图；

(c) 基础油润滑磨斑 SEM 图像；(d) 石墨烯润滑添加剂润滑磨斑 SEM 图像

在 0.1 附近波动，如图 1.18 所示。虽然化学修饰的石墨烯具有良好的分散性，但外来原子或官能团的引入很可能会破坏石墨烯的微观结构，导致石墨烯的本证性能显著降低。因此如何通过化学修饰提高石墨烯的油溶性并保持石墨烯结构的规整性是一个不容忽视的问题。另外，化学修饰后的石墨烯的润滑性能往往由石墨烯和修饰剂两种甚至多种物质综合体现，并非是石墨烯润滑添加剂摩擦学性能的真实体现。

3）石墨烯复合纳米润滑添加剂

纳米粒子在石墨烯的表面上可以降低石墨烯之间的接触面积，从而有效地抑制石墨烯的团聚现象。另外，纳米粒子和石墨烯之间能够产生协同润滑效应。Song 等[53] 通过水热法成功制备出氧化铁/石墨烯复合纳米润滑添加剂，如图 1.19 所示。该复合纳米润滑添加剂在润滑油中具有稳定的

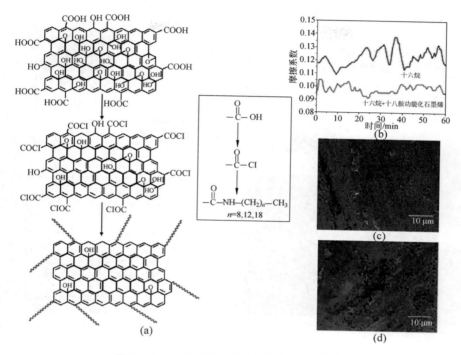

图 1.18　化学修饰石墨烯的摩擦学性能[93]

（a）化学修饰石墨烯示意图；（b）石墨烯润滑添加剂的摩擦系数随滑动时间变化图；
（c）基础油（十六烷）润滑的磨痕 SEM 图像；（d）石墨烯添加剂润滑的磨痕 SEM 图像

分散稳定性。相比于氧化铁、氧化石墨烯及其直接混合物，该复合纳米润滑添加剂的润滑减磨性能更加突出。Zhang 等[54]和乔等[94]制备了铜纳米粒子/石墨烯复合纳米润滑添加剂，并得出其在润滑油中同样具有良好的自分散性能。虽然石墨烯复合纳米润滑添加剂可改善其分散稳定性能，但其润滑减磨性能并不突出。如图 1.19（c）所示，石墨烯复合纳米润滑添加剂的摩擦系数随质量浓度的增大而降低，但即使将浓度提升至 1 wt.%，其摩擦系数值仍然在 0.1 以上。因此，石墨烯复合纳米润滑添加剂的摩擦学性能有待进一步研究。

4）特殊微结构石墨烯润滑添加剂

以上研究的石墨烯润滑添加剂，例如机械剥离的石墨烯和还原氧化石墨烯润滑添加剂，片层结构较规整，在摩擦界面上容易形成层间滑移作用，但石墨烯的表面通过范德华力相互吸引并发生团聚。石墨烯复合纳

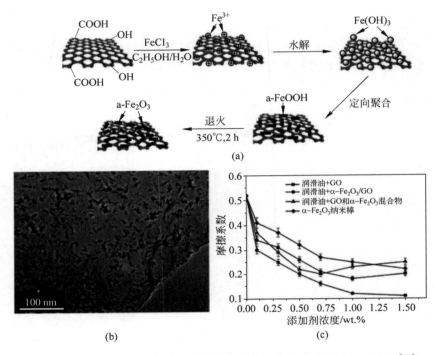

图 1.19　氧化铁/石墨烯复合纳米润滑添加剂的制备、表征及摩擦学性能[53]

（a）制备流程图；（b）TEM 图像；（c）摩擦系数随浓度变化图

米添加剂的微观结构虽然也呈片层结构（图 1.19（b）），但表面负载的纳米粒子可有效降低石墨烯的吸引和团聚。因此，通过调控石墨烯的微观结构形态同样可提升其分散稳定性和摩擦学性能。Dou 等[67]通过改变石墨烯微表面形态来抑制石墨烯的团聚效应，研究发现具有褶皱的类球状石墨烯可降低石墨烯的接触面积从而降低石墨烯之间的相互吸引作用。具有该微结构的石墨烯较其他碳纳米材料具有优异的自分散性能，如图 1.20 所示。虽然该类球状石墨烯的润滑减磨性能相比于炭黑和其他石墨烯较突出，但不同浓度下其摩擦系数基本均高于 0.11。此外，通过提升石墨烯层间的剥离程度，可显著提升其自分散稳定性和润滑减磨性能[68]。由此可见，石墨烯的微观结构形态直接影响了其分散稳定性和摩擦学性能。

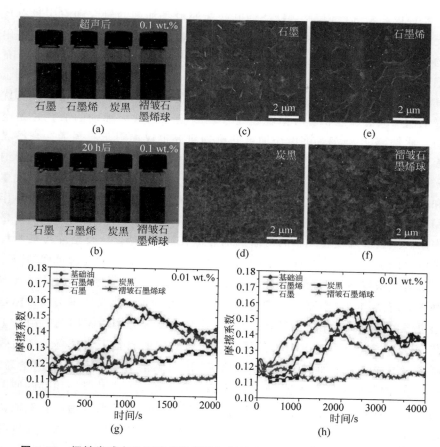

图 1.20　褶皱类球态的石墨烯润滑添加剂的分散稳定性、表征和润滑性能[67]

(a) 超声分散后的分散状态；(b) 静置 20 h 后的分散状态；(c) 石墨 SEM 图像；

(d) 炭黑 SEM 图像；(e) 石墨烯 SEM 图像；(f) 褶皱类球态的石墨烯；

(g) 石墨烯-0.01 wt.％摩擦系数随滑动时间的变化图；

(h) 石墨烯-0.1 wt.％摩擦系数随滑动时间的变化图

1.4　课题的提出和研究内容

　　石墨烯现已广泛应用于储能、电子和催化等领域,应用领域的不同使其制备工艺和微观结构形态的要求不同。石墨烯不仅有碳纳米材料的绿色环保优势,也有二维材料独特的性能,如超高的力学强度、优异的导热性能和易实现层间滑动作用,这些性能使其作为润滑添加剂的研究和应用具有重大潜力。然而,通过上文的调研和前期的探索性研究发现,不同工艺制备出的石墨烯润滑和分散性能差异较大,即并不是任何制备工艺均适合于以石墨烯作为润滑添加剂进行研究和应用。石墨烯的微观结构形态直接影响了其摩擦学性能和分散稳定性,而通过石墨烯的微观结构调控制备出具有优异的润滑减磨性能和自分散稳定特性的石墨烯润滑添加剂的研究还是空白。此外,对于石墨烯润滑添加剂的机理研究也仅局限于石墨烯在摩擦界面上形成易剪切保护膜以及与其他添加剂的协同润滑作用(石墨烯复合纳米润滑添加剂),而没有深入揭示石墨烯在摩擦过程中的微观结构演变规律和润滑减磨的本质,即在摩擦过程中石墨烯是否一定能够实现层间滑移作用,以及具有怎样微观结构形态的石墨烯容易在摩擦界面上形成层间滑移作用。当石墨烯复合纳米润滑添加剂分散在润滑油中时,石墨烯与纳米粒子的协同润滑效应是怎样实现的同样没有被揭示。石墨烯润滑机理的研究不仅对其微观结构调控方法和制备工艺具有重要的指导意义,而且对其他纳米润滑添加剂润滑减磨机理的研究具有重要的理论意义。本书的目标是通过石墨烯的微观结构调控,经济高效地获得石墨烯润滑添加剂的制备工艺,并深入揭示其润滑机理。热还原氧化石墨烯的制备工艺具有经济高效制备石墨烯润滑添加剂的潜力:一方面,化学氧化-还原方法具有产量高、成本低、制备周期短等优势,尤其热还原过程可避免有毒化学还原剂的使用而节省了后续繁琐的清洗、透析等过程;另一方面,热还原过程可有效地调控石墨烯的微观结构形态,进而提升石墨烯润滑添加剂的润滑减磨和自分散稳定性能。本书具体的研究内容包括以下六个方面:

1) 对比研究了同一微观尺寸下的工业石墨烯和二硫化钼的摩擦学性能

探索性研究了这两种典型的二维纳米润滑添加剂的摩擦学性能,得出工业石墨烯润滑添加剂相比于工业二硫化钼的优势和工业石墨烯润滑失效的原因,为后续制备具有优异摩擦学性能的石墨烯奠定基础。

2) 提出浓硫酸辅助热还原制备石墨烯润滑添加剂(SA-tRGO)

该调控方法有效抑制了石墨烯制备过程中产生的褶皱和空洞等微观结构缺陷。SA-tRGO 具有规整的二维层状结构,摩擦学性能优异。为进一步调控石墨烯的微观结构形态和制备出具有优异的润滑减磨性能和自分散稳定特性的石墨烯润滑添加剂奠定基础。

3) 采用高温惰性气体保护还原制备石墨烯润滑添加剂(HT-tRGO)

该调控方法不仅使石墨烯保持了较规整的二维层状结构,而且明显地提升了石墨烯的还原和剥离程度。相比于 SA-tRGO 和工业石墨烯,HT-tRGO 具有突出的润滑减磨性能和分散稳定性,并进一步得出石墨烯的剥离程度直接影响了其润滑减磨和分散性能。

4) 利用氢氧化钾高温活化制备石墨烯润滑添加剂(HE-tRGO)

该调控方法可大幅提升石墨烯的剥离程度。通过调控活化比得到了具有不同剥离程度的石墨烯润滑添加剂,并研究了石墨烯的剥离程度对摩擦学性能的影响规律,得到了具有优异的润滑减磨性能和自分散稳定特性的石墨烯润滑添加剂的制备工艺。

5) 绿色原位合成石墨烯复合纳米润滑添加剂(Mn_3O_4@G)

为解决石墨烯润滑添加剂高温润滑不稳定的问题,提出了绿色原位合成四氧化三锰/石墨烯复合纳米颗粒的制备方法,获得了四氧化三锰/石墨烯复合纳米润滑添加剂,显著提升了添加剂润滑性能的高温稳定性,高温下可将摩擦系数和磨痕深度分别降低 75% 和 96%,且在极低浓度下(0.075 wt.%)就可获得优异的润滑减磨效果。

6) 揭示了石墨烯的微观结构演变机制及其复合纳米润滑添加剂的润滑机理

基于以上多种石墨烯润滑添加剂的摩擦学性能研究,深入揭示了石墨烯润滑添加剂在摩擦过程中微观结构演变规律,并得出了石墨烯润滑添加剂的微观结构演变模型。此外,在分析石墨烯复合纳米润滑添加剂中的纳米粒子和石墨烯各自的润滑效应基础上,阐明了石墨烯复合纳米润滑添加剂的协同润滑机理,同样提出了该复合纳米润滑添加剂的协同润滑模型。

第2章 石墨烯与二硫化钼摩擦学性能对比研究

2.1 引　言

　　二维纳米材料是新兴的纳米材料种类,基于超薄的二维片层结构和层间极弱的范德华力而具有优异的自润滑特性。自 2011 年以来,石墨烯润滑添加剂的研究将二维纳米润滑添加剂的研究热度推向了新的高度。然而,在同一微观尺寸下,相比于其他典型的二维纳米润滑添加剂(二硫化钼等),石墨烯润滑添加剂的性能优势和其润滑失效原因有待深入研究。

　　本章主要对比研究了从工业上获得的石墨烯(工业石墨烯)和二硫化钼(工业二硫化钼)的摩擦学性能。为使工业石墨烯和工业二硫化钼具有同一的微观尺寸,本章首先对以上纳米润滑添加剂采用统一的球磨工艺和过筛处理。摩擦表面的粗糙状态对纳米润滑添加剂的成膜稳定性影响巨大。因此,为研究以上纳米润滑添加剂的成膜稳定性,在摩擦实验前通过化学机械抛光技术得到了具有不同表面粗糙度的摩擦配副。然后通过对比实验研究了工业石墨烯和工业二硫化钼润滑添加剂的摩擦学性能和二者的润滑机理,并得出了石墨烯润滑添加剂的性能优势和润滑失效原因。该探索性工作对后续石墨烯润滑添加剂的微观结构调控和制备工艺的研究具有重要的指导意义。

2.2 实验准备与材料表征

2.2.1 实验准备

　　选用的两种二维纳米润滑添加剂(工业石墨烯和工业二硫化钼)分别来自苏州优锆纳米材料有限公司和上海在邦化工有限公司。为使纳米润滑添加剂具有同一的微观尺寸,这里首先采用行星球磨机(南京南大仪器有限公司)在统一的参数下处理以上两种纳米润滑添加剂:称取 2 g 添加剂放入50 mL 陶瓷罐中,在球磨罐中配有 200 g 的直径为 3 mm 的陶瓷球。首先在 300 r/min 运行 30 min,然后提升转速到 500 r/min,运行 4 h。为降低球磨过程对纳米润滑添加剂造成的软团聚作用,球磨之后对其进行过筛处理,筛子目数为 200 目。基础油为商用液压油(昆仑润滑油有限公司),40℃时的黏度为 13.2 mm²/s,100℃时的黏度为 4.9 mm²/s。该实验中纳米润滑添加剂采用统一的质量浓度 1 wt.%。在进行摩擦实验前,采用物理分散过程将以上添加剂均匀地分散在基础油中:将两种混合油液在常温下磁力搅拌 2 h,然后在 50℃下超声分散 0.5 h。在摩擦实验过程中,纳米润滑添加剂分散良好,未见明显分层或沉淀。摩擦实验在 UMT-3 型多功能摩擦磨损往复实验机(CETR,美国)上进行。采用球-盘配副的点-面接触方式,上试样使用直径为 4 mm、硬度为 650～700 HV 的 GGr15 轴承钢球,下试样为 H62 黄铜盘,硬度为 110～130 HV。其示意图如图 2.1 所示。摩擦实验在常温下进行,载荷为 3 N,最大初始接触应力为 1 GPa。滑动速度范围为 1.2～38.4 mm/s。

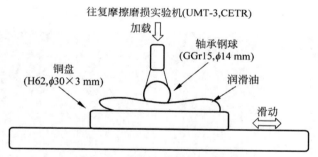

图 2.1　往复摩擦实验示意图

2.2.2　材料表征

以上两种纳米润滑添加剂的 SEM 图像和 TEM 图像分别由场发射扫描电子显微镜(FEI Quanta 200 FEG,新西兰)和高分辨率透射电镜(JEM-2010,日本)测得。拉曼光谱采用 514.5 nm 波长光源(Horba Jobin Yvon,法国)测得。铜盘的化学机械抛光实验在台式抛光机上进行(CETR,美国)。抛光处理后的铜盘形貌和粗糙度由原子力显微镜(Asylum Research,美国)测得。在摩擦实验后,通过光学显微镜测得磨痕形貌(OLMPUS,日本)。磨损体积由白光干涉仪采集磨痕形貌并计算得出(KLA-Tencor,美国)。磨痕处的 X 射线光电子能谱(X-ray photoelectron spectrum,XPS)谱图通过 ESCALAB 250XI 光电子谱仪(Thermo Scientific Instrument,美国)测得。

工业石墨烯和工业二硫化钼的微观结构表征结果如图 2.2 所示。由

SEM 图像可得,工业石墨烯和工业二硫化钼均呈规整的二维层状结构。由 TEM 图像可得,工业石墨烯和工业二硫化钼的片层厚度均为 4~5 nm。另外,经过统计分析,以上两种纳米润滑添加剂的二维尺寸主要集中在 2 μm,如图 2.3 所示。因此,工业石墨烯和工业二硫化钼具有同一的微观尺寸。工业石墨烯的拉曼光谱主要由位于 1567 cm^{-1} 和 2705 cm^{-1} 附近的 G 峰和 2D 峰组成,如图 2.4 所示。G 峰是石墨烯的主要特征峰,其代表石墨烯 sp^2 杂化碳原子的面内振动模式。2D 峰是双声子共振二阶拉曼峰,与石墨烯的层数密切相关。此外,在 1348 cm^{-1} 处 D 峰峰强不明显说明该石墨烯晶体结构完整且有序[95]。由图 2.4(b)可以看出,二硫化钼在 383 cm^{-1} 和 408 cm^{-1} 处具有较强的拉曼峰值,在 279 cm^{-1} 和 994 cm^{-1} 处有较弱的拉曼峰值。以上峰值均为晶体二硫化钼典型的拉曼峰值,可得二硫化钼同样具有较完整的晶体结构[18, 96]。在摩擦实验前,通过相关的化学机械抛光工艺过程[97-98]获得了具有不同表面粗糙度的黄铜盘表面,如图 2.5 所示。光滑的和粗糙的表面粗糙度 Ra 值分别为 5 nm 和 135 nm。

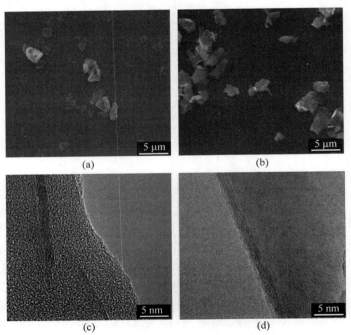

图 2.2　工业石墨烯和工业二硫化钼的表征

(a) 工业石墨烯的 SEM 图像;(b) 工业二硫化钼的 SEM 图像;

(c) 工业石墨烯的 TEM 图像;(d) 工业二硫化钼的 TEM 图像

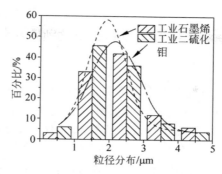

图 2.3　工业石墨烯和工业二硫化钼粒径分布图

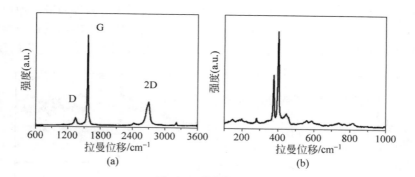

图 2.4　拉曼光谱图

（a）工业石墨烯；（b）工业二硫化钼

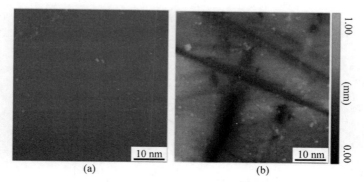

图 2.5　铜盘表面 AFM 图像（前附彩图）

（a）光滑表面（$Ra = 5$ nm）；（b）粗糙表面（$Ra = 135$ nm）

2.3 石墨烯和二硫化钼的摩擦学性能

2.3.1 润滑减磨性能对比研究

为了系统地对比研究工业石墨烯和工业二硫化钼润滑添加剂的摩擦学性能,这里选取了不同参数进行摩擦实验。首先研究了表面粗糙度对其润滑减磨性能的影响,如图 2.6 所示。基础油润滑性能不稳定,摩擦系数在 0.25 附近波动。无论摩擦表面是光滑还是粗糙,工业二硫化钼润滑添加剂均能够明显地降低摩擦系数,摩擦系数均稳定在 0.1 左右。工业石墨烯润滑添加剂只有当摩擦表面光滑时才具有明显的润滑效果,但其润滑性能明显低于工业二硫化钼润滑添加剂。在粗糙表面上工业石墨烯润滑添加剂的摩擦系数波动较大,润滑效果不理想,说明工业石墨烯润滑添加剂在摩擦界面上的成膜性能不稳定。图 2.7 显示了摩擦系数随滑动速度的变化曲线,

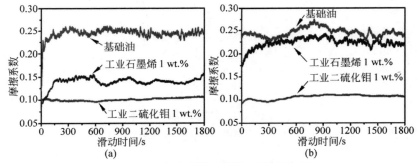

图 2.6 摩擦系数随滑动时间变化图

滑动速度为 2.4 mm/s

(a) 光滑表面($Ra=5$nm);(b) 粗糙表面($Ra=135$ nm)

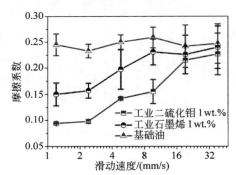

图 2.7 摩擦系数随滑动速度变化图

摩擦表面 $Ra=5$ nm

滑动速度范围是 1.2～38.4 mm/s。在整个滑动速度范围内，基础油的摩擦系数均超过了 0.2，可推断整个摩擦过程一直处于边界润滑状态[99]。随着滑动速度的增大，工业石墨烯和工业二硫化钼润滑添加剂的摩擦系数均升高。当滑动速度超过 16.2 mm/s 时，工业石墨烯润滑添加剂的摩擦系数与基础油润滑下的摩擦系数基本一致，进一步说明工业石墨烯润滑添加剂在摩擦界面上成膜性能不稳定。这是由于石墨烯在界面上主要以较弱的物理吸附作用为主，增大滑动速度易使边界吸附膜发生破裂；而二硫化钼具有较强的化学活性，更易吸附在摩擦界面上。在较宽的滑动速度范围内（1.2～16.2 mm/s），工业二硫化钼润滑添加剂比工业石墨烯润滑添加剂具有更加优异的润滑性能。但当滑动速度超过 32.4 mm/s 时，以上两者的摩擦系数大小与基础油的基本一致，说明此时石墨烯和二硫化钼的润滑边界膜均遭到破坏。

在减磨性能方面，首先测试了以上两种纳米润滑添加剂摩擦后的磨痕形貌，如图 2.8 所示。虽然以上两种纳米润滑添加剂均能够降低钢球的磨斑直径，但可明显看出工业二硫化钼润滑添加剂具有更显著的减磨性能。在基础油的润滑作用下，黄铜盘磨痕上产生了明显的磨痕，主要源于摩擦副粗糙峰的直接接触，在摩擦过程中产生了严重的犁沟效应。在工业石墨烯的润滑作用下，磨痕处同样产生了严重的磨痕，其磨痕宽度基本与基础油的一致。此外，分别计算和统计了以上两种纳米润滑添加剂的铜盘磨损体积和钢球的磨斑直径，如图 2.9 所示。添加工业二硫化钼润滑添加剂不仅可

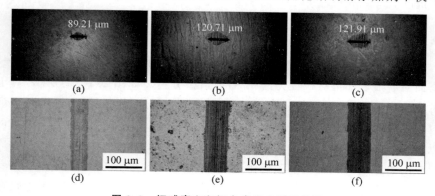

图 2.8　钢球磨斑和铜盘磨痕光学形貌图

摩擦表面 $Ra = 5$ nm

钢球磨斑：（a）工业二硫化钼 1 wt.%；（b）工业石墨烯 1 wt.%；（c）基础油；

铜球磨痕：（d）工业二硫化钼 1 wt.%；（e）工业石墨烯 1 wt.%；（f）基础油

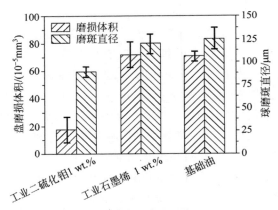

图 2.9　钢球磨斑直径和铜盘磨损体积统计图

摩擦表面 $Ra = 5$ nm

明显降低磨斑直径,而且大幅降低了铜盘磨损体积。而工业石墨烯润滑添加剂的减磨性能同样不及预期。总之,工业石墨烯润滑添加剂只有在光滑的摩擦表面上具有较明显的润滑效果,但其减磨效果较差。相反地,工业二硫化钼润滑添加剂无论是在光滑的摩擦表面上还是粗糙的摩擦表面上都具有优异的润滑减磨效果。工业石墨烯润滑添加剂摩擦学性能不理想和润滑失效的原因有待深入研究,其对后续石墨烯润滑添加剂的微观结构调控和制备工艺的研究具有重要意义。因此,工业石墨烯和工业二硫化钼润滑添加剂的润滑减磨机理将在下文深入分析和讨论。

2.3.2　润滑减磨机理对比分析

为对比研究工业石墨烯和工业二硫化钼润滑添加剂的润滑减磨机理,下面对磨痕表面进行拉曼光谱和 XPS 谱图分析。如图 2.10(a)所示,对于工业石墨烯润滑添加剂,在磨痕表面包括球磨斑和盘磨痕上均测得石墨烯拉曼光谱的典型峰位。由此可得,在摩擦过程中工业石墨烯润滑添加剂可以吸附在摩擦界面形成边界吸附膜,进而提升润滑减磨性能。然而,石墨烯形成的边界吸附膜相比于二硫化钼吸附膜更不稳定,因为其主要依靠较弱的物理吸附作用,这也是其润滑减磨性能较差的原因之一。其次,无论是在球磨斑还是盘磨痕上的石墨烯拉曼光谱中,D 峰强相对于工业石墨烯润滑添加剂明显增大。相对强度 I_D/I_G 的增大说明在摩擦过程中摩擦副粗糙峰的直接接触和滑动导致了石墨烯层内产生结构缺陷并向无序化方向转

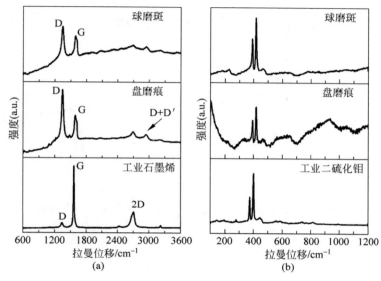

图 2.10　球磨斑和盘磨痕处的拉曼光谱图

（a）工业石墨烯；（b）工业二硫化钼

变。磨痕处的拉曼光谱在 2940 cm^{-1} 处产生了新的拉曼峰位即 D+D′峰，可进一步说明石墨烯在摩擦过程中产生了结构缺陷[29]。此外，石墨烯表面可通过范德华力相互吸引，在摩擦表面容易产生团聚并沉积在磨痕外，如图 2.8 所示。对于工业二硫化钼润滑添加剂，通过对磨痕处的拉曼光谱分析如图 2.10(b)所示，二硫化钼同样在摩擦界面形成了吸附保护膜。进一步对工业二硫化钼润滑添加剂吸附保护膜进行 XPS 谱图分析，如图 2.11 所示。通过跟工业二硫化钼润滑添加剂的 XPS 谱图对比发现，磨痕处 Mo 元素的 XPS 谱图上除了源于 MoS_2 的峰位 229.10 eV 和 232.25 eV 外，在 231.70 eV 和 234.82 eV 处产生了明显的新峰位，说明 MoS_2 发生了氧化并在磨痕处生成了 MoO_3[100-101]。MoO_3 质软，在摩擦界面可促进润滑减磨作用。但磨痕处的 S 元素在 168.82 eV 和 169.93 eV 处同样产生了新峰位，主要来源于 SO^{3-}[102-104]。其在磨痕处容易氧化成 SO^{4-}，进而与铜盘产生化学反应形成化学吸附膜。虽然工业二硫化钼润滑添加剂比工业石墨烯在界面的成膜性能更加稳定，但其对摩擦界面产生了严重的氧化腐蚀问题。XPS 谱图分析的磨痕处各元素的含量列于表 2.1。相对于基础油，工业二硫化钼润滑添加剂的磨痕处含氧量提升了 51%。虽然 Mo 的软质氧化物能够提高添加剂与粗糙界面的吸附并提升润滑减磨性能，但 S 元素在

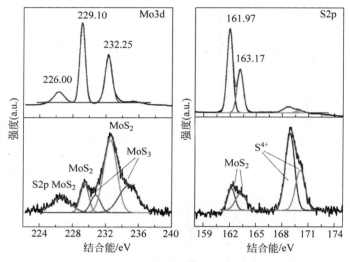

图 2.11　工业二硫化钼润滑的盘磨痕处的 XPS 谱图（前附彩图）

界面上形成的硫酸盐可造成严重的氧化腐蚀。工业石墨烯润滑添加剂具有显著的抗氧化腐蚀作用，相对于工业二硫化钼和基础油，工业石墨烯将摩擦界面的含氧量分别降低了 58% 和 36.3%。因此，虽然工业石墨烯润滑添加剂润滑减磨性能不理想，但具有优异的抗氧化腐蚀性能。如今，环保问题得到了高度重视，石墨烯化学稳定性优异，适合作为新型绿色润滑添加剂进行研究和应用，但其摩擦学性能有待进一步提升。

表 2.1　盘磨痕处的 XPS 元素分析

润滑条件	原子数百分比/at. %						
	Mo3d	S2p	C1s	O1s	Cu2p	Zn2p	Fe2p
工业二硫化钼 1 wt. %	0.63	4.85	51.42	32.30	4.36	5.64	0.8
工业石墨烯 1 wt. %	0.4	0.10	75.65	13.65	5.40	4.51	0.29
基础油	0.27	1.71	62.30	21.42	6.70	6.30	1.30

2.4　本 章 小 结

本章主要探索性研究了在同一微观尺寸下的工业石墨烯和工业二硫化钼润滑添加剂的润滑减磨性能，具体包括表面粗糙度和滑动速度对摩擦学性能的影响。虽然工业二硫化钼润滑添加剂的摩擦学性能较突出,但是其化学性质不稳定,容易产生氧化反应,在摩擦过程中对摩擦界面造成了严重的氧化腐蚀。现如今,消除或替代硫、磷等具有极性化学元素的润滑添加剂的研究和应用是主要的发展趋势。因此,上述二硫化钼的问题尚不能满足润滑油和润滑添加剂向绿色环保方向发展的要求。

石墨烯具有作为高性能、绿色环保型润滑添加剂的重大潜力。本章发现石墨烯在摩擦过程中确实具有优异的抗氧化腐蚀性能,但其润滑减磨性能不理想。造成工业石墨烯润滑添加剂性能较差的原因主要有以下几个方面:第一,石墨烯的化学惰性较强与摩擦界面主要以物理吸附为主,与摩擦界面形成的吸附保护膜不稳定;第二,在摩擦过程中其微观结构容易发生破坏和缺陷并向无序化方向转变;第三,石墨烯容易在摩擦接触区边缘产生团聚导致其进入摩擦接触区的阻力增大,进而降低了润滑减磨性能。因此,提升石墨烯的制备质量和控制微观结构缺陷对其润滑减磨性能具有重要作用,而使石墨烯具有高效润滑减磨性能的制备工艺和微观结构调控方法仍待深入研究。

第3章 浓硫酸辅助热还原制备石墨烯润滑添加剂

3.1 引　言

在石墨烯的制备工艺中,化学氧化还原方法成本低、简单易操作,具有大批量制备石墨烯的潜力。然而,GO 的还原过程往往需要加入化学还原剂,例如水合肼、苯肼和肼等,其因毒性大、不环保等缺点而被限制使用[81-82,105]。因此,热还原法(水热还原法和高温热还原法)逐渐得到了系统和广泛的研究。一方面,热还原法取消了有毒化学还原剂的使用;另一方面通过热还原作用可将 GO 中的含氧基团进行去除,并可有效调控其微观结构[85]。然而,热还原石墨烯的二维层状结构往往会遭到破坏,例如产生大量的褶皱和空洞等结构缺陷[84, 86]。

针对以上问题,本章提出的浓硫酸辅助热还原石墨烯(thermally reduced graphite oxide in sulfuric acid,SA-tRGO)的调控方法主要是解决制备过程中石墨烯产生的微观褶皱和空洞等缺陷。研究发现,SA-tRGO 具有规整的二维层状结构,表面及边缘缺陷较少,而直接热还原石墨烯(directly thermally reduced graphite oxide,d-tRGO)表面产生了大量的结构缺陷。SA-tRGO 润滑添加剂具有优异的润滑减磨性能,而 d-tRGO 润滑添加剂的性能较差且不稳定。该工作首次提出了克服石墨烯制备过程中产生的结构缺陷的方法,为优化石墨烯润滑添加剂的微观结构调控方法和制备工艺奠定了基础。

3.2　石墨烯润滑添加剂的制备与表征

3.2.1　石墨烯润滑添加剂的制备

石墨烯制备过程用的主要原料如下:鳞片石墨粉(1200 目,山东青岛华泰润滑密封有限公司),高锰酸钾(分析纯,国药集团化学试剂有限公司),浓硫酸(95%～98%,分析纯,国药集团化学试剂有限公司),盐酸(35%,分析纯,国药集团化学试剂有限公司),过氧化氢(30%,国药集团化学试剂有限公司)。

　　石墨烯的制备流程如图 3.1 和图 3.2 所示。GO 是制备 RGO 的前驱体。因此,首先详细介绍 GO 的制备过程。在冰浴环境中,在烧杯中加入 300 mL 的浓硫酸(浓 H_2SO_4),在稳定搅拌过程中缓慢加入 45 g 高锰酸钾($KMnO_4$)。均匀搅拌 10 min 并保持混合体系温度不超过 5℃。然后缓慢加入 10 g 鳞片石墨。将其升温至 40～50℃并保温 1.5 h 后加入 1000 mL去离子水,再加入 50 mL 的过氧化氢(H_2O_2)去除未反应的 $KMnO_4$,使混合溶液由棕黑色变为棕黄色。采用布氏漏斗将棕黄色混合溶液进行抽滤得到棕黄色滤饼,依次用 500 mL 浓盐酸(盐酸与去离子水的体积比 1:4)和500 mL 稀盐酸(盐酸与去离子水的体积比 1:10)进行反复清洗,再用 1000 mL 去离子水对 GO 滤饼充分洗涤。最后,将洗涤后的滤饼进行冷冻干燥 48 h,制得 GO 粉体。下文各章节实验用的 GO 制备过程与该过程一致,不再赘述。

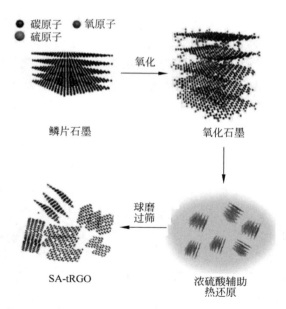

图 3.1　浓硫酸辅助热还原石墨烯示意图(前附彩图)

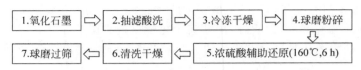

图 3.2　浓硫酸辅助热还原石墨烯流程图

石墨烯的还原过程是 GO 脱氧和剥离的过程。将 10 g GO 混合到 150 mL 的浓 H_2SO_4 中,不断搅拌并升温到 160℃下保温还原 6 h 制得石墨烯。冷却到室温后在冰水中缓慢将其稀释,随后同样采用布氏漏斗将还原混合液进行抽滤得到石墨烯滤饼,并用去离子水过滤洗涤至中性。将洗涤后的石墨烯放入鼓风干燥箱中,在 80℃下干燥 2 h,最终得到浓硫酸辅助热还原石墨烯(SA-tRGO)。作为对照,将以上 GO 在空气中 160℃下热还原 6 h 制得直接热还原石墨烯(d-tRGO)。最后,将以上两种石墨烯进行球磨处理以降低颗粒尺寸并使其均一化,再进行过筛处理。具体的球磨和过筛过程与第 2 章一致。

3.2.2　石墨烯润滑添加剂的表征

如图 3.3(a)和(b)的 SEM 图像所示,SA-tRGO 形貌规整,呈片状结构,表面没有明显的空洞和褶皱。其二维尺寸分布均匀,主要集中在 1～2 μm。由 TEM 图像可得 SA-tRGO 的层厚在 3～4 nm,碳层间仅产生微弱的弯曲和交联,如图 3.3(c)所示。然而,d-tRGO 的微表面上产生了明显的空洞和褶皱等结构缺陷,如图 3.3(d)所示。这是因为在高温脱氧还原过程中,一方面含氧基团例如—OH,—COOH 和—CO—高温反应过程中会脱去与其连接的碳原子,使层内碳原子缺失;另一方面在碳层间产生的高压气体,如水蒸气和二氧化碳等进一步破坏了石墨烯的片层结构。浓硫酸辅助热还原的优势在于:GO 表面完全被高黏度(24.5 mPa·s,25℃)的浓 H_2SO_4 包裹,降低了层间的高压气体对石墨烯结构的破坏;相对于水和水合肼,浓 H_2SO_4 具有较高的沸点(338℃),可以使石墨烯的还原程度得到提升;浓 H_2SO_4 与碳材料的相容性差,在还原之后,容易将石墨烯进行提纯处理。因此,浓硫酸辅助热还原石墨烯的调控方法可以克服石墨烯还原过程中产生的微观结构缺陷问题,提高石墨烯的制备纯度和质量。

由图 3.4 所示,在 SA-tRGO 的拉曼光谱中,1343 cm^{-1} 和 1587 cm^{-1}

图 3. 3　SA-tRGO 和 d-tRGO 的表征

(a) SA-tRGO 的 SEM 图像；(b),(c) 不同放大倍数的 SA-tRGO 的 TEM 图像；
(d) d-tRGO 的 TEM 图像

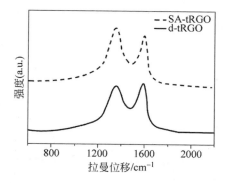

图 3. 4　SA-tRGO 和 d-tRGO 的拉曼光谱图

处具有显著的石墨烯特征峰 D 峰和 G 峰。相对强度 I_D/I_G 值稍大于 d-tRGO，可能跟 SA-tRGO 层间发生微弱的堆叠交联相关。由 XPS 元素分析可得，SA-tRGO 和 d-tRGO 杂质含量较少。SA-tRGO 的碳氧原子含量比值为 4.3，如表 3.1 所示。由 C1s XPS 谱图分析可得，SA-tRGO 中的碳原子主要有以下三种结合峰，C—C/C =C(284.6 eV)，C—O(286.6 eV) 和 O—C =O(289.0 eV)，如图 3.5 所示。C—C/C =C 的峰值明显强于其他含氧官能团的峰值，说明浓硫酸辅助还原制备的石墨烯含氧量较低。通过 X 射线衍射(X- ray diffraction，XRD)分析，相对于工业石墨烯(第 2 章)，SA-tRGO 的(002)晶面峰位明显左移，如图 3.6 所示。层间距可由布拉格衍射公式[85,106]计算得出：

$$2d\sin\theta = n\lambda \tag{3.1}$$

式中，d 为晶面间距，θ 为入射 X 射线与晶面的夹角，λ 为 X 射线的波长，n 为衍射级数。其中，$\lambda = 1.540\,56$ Å，$n = 1$。由于工业石墨烯的(002)晶面位置为 $2\theta = 26.58°$，其层间距可计算得 3.35 Å，而 SA-tRGO 的层间距为 3.65 Å。因此，通过氧化和还原过程，SA-tRGO 的层间距明显增大。层间距的增大可以降低碳层间的范德华力和层间滑动能垒，对石墨烯润滑添加剂的润滑减磨性能起促进作用。

表 3.1　SA-tRGO 和 d-tRGO 的 XPS 元素分析

	原子百分比/at. %				
	C1s	O1s	S2p	Mn2p	N1s
SA-tRGO	80.66	18.90	0.16	0.13	0.15
d-tRGO	81.02	18.56	0.12	0.2	0.1

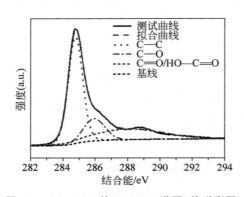

图 3.5　SA-tRGO 的 C1s XPS 谱图(前附彩图)

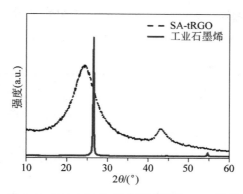

图 3.6　SA-tRGO 和工业石墨烯的 XRD 谱图

3.3　石墨烯润滑添加剂的摩擦学性能

3.3.1　石墨烯润滑添加剂的实验准备

在进行摩擦实验前,对 SA-tRGO 润滑添加剂的分散稳定性进行分析。这里采用直接物理分散的过程:常温磁力搅拌 2 h,然后在 50℃下超声分散 0.5 h。由图 3.7 可以看出,SA-tRGO 静置 10 h 能够保持较好的分散稳定性,而静置 20 h 后发生了明显的分层沉淀现象。因此,该石墨烯的自分散特性相对较差。由于每次摩擦实验均在分散之后立即进行,分层沉淀问题不会对摩擦学性能造成影响。

图 3.7　石墨烯分散稳定性

(a) 静置 0 h;(b) 静置 10 h;(c) 静置 20 h

摩擦实验同样在 UMT-3 往复摩擦磨损实验机上进行,采用球-盘配副的点-面接触方式,上试样使用直径为 4 mm、硬度为 650～700 HV 的 GGr15 轴承钢球,下试样为 GGr15 钢盘,上、下试样的表面粗糙度均为 $Ra = 20$ nm。实验用的基础油为 α 烯烃合成基础油 PAO 6(上海道普化学国际贸易有限公司)。实验参数如表 3.2 所示,为充分测试石墨烯润滑添加剂的润滑减磨性能,这里选取了不同的载荷和滑动频率。

表 3.2　摩擦实验参数

实验条件	参 数 范 围
基础油	PAO 6
实验温度	25℃
摩擦载荷	2 N/4.5 N/10 N(1 GPa/1.5 GPa/1.86 GPa)
滑动频率	0.4 Hz/2 Hz/5 Hz/10 Hz
往复行程	3 mm
滑动时间	40 min

3.3.2　石墨烯润滑添加剂的润滑性能

　　首先对比研究了 SA-tRGO 与 d-tROG 润滑添加剂在不同浓度下的润滑性能。如图 3.8 所示,在基础油(PAO 6)润滑的状况下,摩擦系数非常不稳定,在 0.15～0.2 波动。当添加 0.5 wt.％的 SA-tRGO 润滑添加剂时,摩擦系数可以降低到 0.1。相对于基础油,SA-tRGO 润滑添加剂可将摩擦系数至少降低 30％。而 d-tRGO 润滑添加剂的润滑作用相对较差,其摩擦系数随滑动时间逐渐增大,仅仅略低于纯基础油的摩擦系数。另外,即使在不同的浓度下,d-tRGO 润滑添加剂均没有明显的润滑效果,如图 3.9(a)所示。而对于 SA-tRGO 润滑添加剂,当分散浓度为 0.1 wt.％时,摩擦系数便得到了明显降低。当分散浓度增大到 0.5 wt.％时,SA-tRGO 润滑添加剂的润滑性能最突出。而当石墨烯润滑添加剂(包括 SA-tRGO 和 d-tRGO)的浓度进一步增大时,其摩擦系数逐渐升高。这是因为在较高浓度下,石墨烯容易团聚成大颗粒而难以进入摩擦接触区。

　　除了浓度之外,石墨烯润滑添加剂的性能直接受摩擦载荷和滑动频率影响。图 3.9(b),(c)和(d)显示了不同摩擦载荷下 SA-tRGO 润滑添加剂的摩擦系数随滑动频率的变化关系。随滑动频率的增大,基础油的摩擦系数逐渐降低。当滑动频率高于 5 Hz 时,基础油的摩擦系数与 SA-tRGO 润滑添加剂的摩擦系数均稳定在 0.1 左右。由此可见,当速度较高时基础油的动压润滑膜起到了主要的润滑作用[107-109]。当滑动频率和摩擦载荷不同时,SA-tRGO 润滑添加剂的摩擦系数一直稳定在 0.1,说明 SA-tRGO 润滑添加剂具有优异的润滑稳定性。当滑动频率较小时(≤2 Hz),基础油的

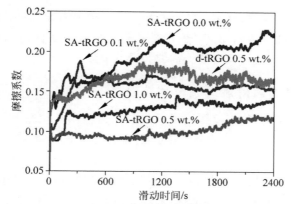

图 3.8　SA-tRGO 和 d-tRGO 摩擦系数随滑动时间变化图

滑动频率 0.4 Hz,载荷 1 GPa

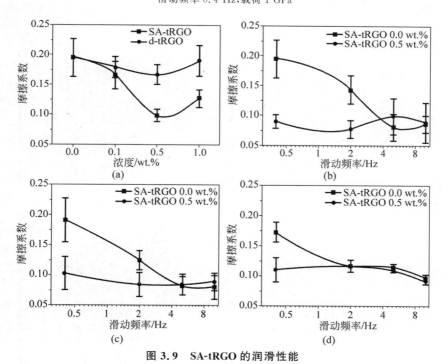

图 3.9　SA-tRGO 的润滑性能

（a）SA-tRGO 和 d-tRGO 摩擦系数随浓度变化图；

（b）0.5 wt. % SA-tRGO 和基础油在 1 GPa 载荷下的摩擦系数随滑动频率变化图；

（c）0.5 wt. % SA-tRGO 和基础油在 1.5 GPa 载荷下的摩擦系数随滑动频率变化图；

（d）0.5 wt. % SA-tRGO 和基础油在 1.85 GPa 载荷下的摩擦系数随滑动频率变化图

动压润滑膜作用较弱,摩擦副的粗糙峰会直接接触而导致较高的摩擦系数。此时,SA-tRGO 润滑添加剂的润滑性能得到极大的发挥,从而验证了在边界润滑状态下,石墨烯润滑添加剂的润滑效果最为突出。

3.3.3　石墨烯润滑添加剂的减磨性能

由 3.3.2 节可得,石墨烯润滑添加剂在边界润滑状态下具有优异的润滑效果。因此,下面主要讨论在较低的滑动频率下(0.4 Hz),不同载荷对其减磨性能的影响。由图 3.10(a)和(b)所示,在较低载荷下(1 GPa),SA-tRGO 润滑添加剂相比于基础油具有显著的减磨效果。SA-tRGO 润滑添加剂润滑的表面仅有较浅的磨痕,而基础油润滑的表面产生了严重的磨痕。在高载荷下(1.86 GPa),SA-tRGO 润滑添加剂同样具有优异的减磨性能,如图 3.10(c)和(d)所示。图 3.11 显示了不同润滑条件下的磨痕横截面,在

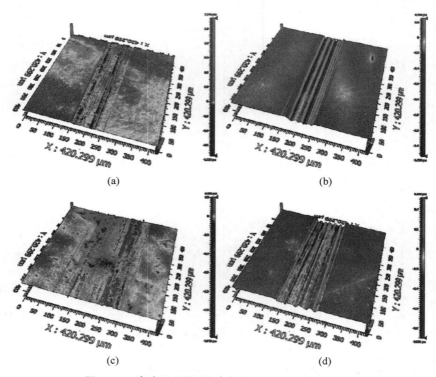

(a)　　　　　　　　　　　　　　(b)

(c)　　　　　　　　　　　　　　(d)

图 3.10　磨痕形貌图(滑动频率 0.4 Hz)(前附彩图)

(a) 0.5 wt.% SA-tRGO 润滑的磨痕形貌图(1 GPa);(b) 基础油润滑的磨痕形貌图(1 GPa);
(c) 0.5 wt.% SA-tRGO 润滑的磨痕形貌图(1.86 GPa);(d) 基础油润滑的磨痕形貌图(1.86 GPa)

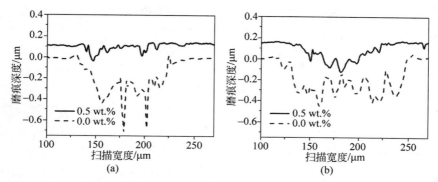

图 3.11　SA-tRGO 0.5 wt.％和基础油润滑的磨痕横截面图（滑动频率 0.4 Hz）

（a）载荷为 1 GPa；（b）载荷为 1.86 GPa

较低载荷下（1 GPa），SA-tRGO 润滑添加剂润滑的表面最大磨痕深度仅为 120 nm，而基础油润滑表面的磨痕深度达 750 nm。在较高载荷下（1.86 GPa），SA-tRGO 润滑添加剂润滑表面较基础油具有更窄和更浅的磨痕。此外，通过式（3.2）可计算出不同摩擦参数下的磨损率值。

$$W = VF^{-1}L^{-1} \tag{3.2}$$

式中，W 是磨损率，V 是磨损体积，F 是摩擦载荷，L 是滑动距离。低载荷下，SA-tRGO 润滑添加剂润滑的钢盘磨损率仅为 $(1.31 \pm 0.27) \times 10^3$ $\mu m^3/(N \cdot m)$，而基础油润滑的钢盘磨损率高达 $(10 \pm 2.5) \times 10^3$ $\mu m^3/(N \cdot m)$，即 SA-tRGO 润滑添加剂将磨损率降低了近 87％，如图 3.12 所示。而在高载荷下，SA-tRGO 润滑添加剂仍然将磨损率降低了 75％。此外，由于在边界润滑状态下基础油润滑的摩擦副表面的粗糙峰会发生直接接触，在相对滑动过程中对磨痕处造成了大量的磨痕和磨屑颗粒，如图 3.13 所示。无论在低载荷还是高载荷下，SA-tRGO 润滑添加剂润滑后的表面都较光滑，摩擦磨痕较轻微。

总之，通过浓硫酸辅助热还原制备的石墨烯润滑添加剂具有优异的润滑减磨性能。其润滑减磨作用主要在于：第一，SA-tRGO 润滑添加剂具有规整的二维层状结构可实现易剪切的层间滑移过程。因为通过浓硫酸辅助热还原过程可抑制直接热还原石墨烯（d-tRGO）产生的褶皱和空洞等结构缺陷，并且 SA-tRGO 润滑添加剂的润滑性能明显优于 d-tRGO（图 3.8）。第二，相比于工业石墨烯（第 2 章），SA-tRGO 润滑添加剂的层间距明显增大（图 3.6），因此，SA-tRGO 润滑添加剂具有更低的层间范德华力和层间滑动能垒，即促进了石墨烯的层间滑动作用[52, 110]。通过对比前人关于纳

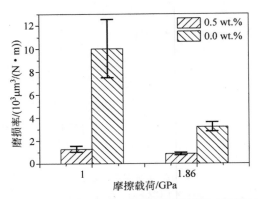

图 3.12   SA-tRGO 0.5 wt.%和基础油润滑表面的磨损率图（滑动频率 0.4 Hz）

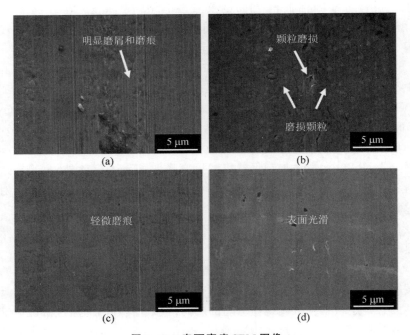

图 3.13   表面磨痕 SEM 图像

滑动频率为 0.4 Hz

（a）基础油润滑，1 GPa；（b）基础油润滑，1.86 GPa；（c）SA-tRGO 0.5 wt.%润滑，1 GPa；

（d）SA-tRGO 0.5 wt.%润滑，1.86 GPa

米石墨片和第 2 章的工业石墨烯润滑添加剂的摩擦学性能的研究[8, 111]，进一步说明了具有大层间距的石墨烯可促进润滑减磨性能。第三，SA-tRGO 润滑添加剂可吸附在摩擦界面形成边界保护膜，由图 3.14 插图可以看出，进行超声清洗后的磨痕处呈灰黑色吸附膜。通过拉曼光谱分析，摩擦表面出现石墨烯的典型峰位，即 D 峰和 G 峰，说明 SA-tRGO 润滑添加剂确实在摩擦界面上形成了吸附保护膜。不过，摩擦之后的 SA-tRGO 润滑添加剂的 D 峰变强，即相对强度 I_D/I_G 明显增强，说明在摩擦过程中 SA-tRGO 润滑添加剂的微观结构在摩擦接触区产生了缺陷和向无序化转变，其与第 2 章的工业石墨烯的结构变化一致。

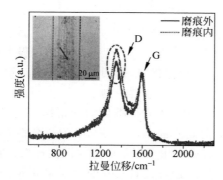

图 3.14　SA-tRGO 0.5 wt.% 润滑表面的拉曼光谱图

插图是测试磨痕光学形貌图

3.4　本 章 小 结

本章首次提出了通过浓硫酸辅助热还原制备出具有规整的二维层状结构的石墨烯的微观调控方法和制备工艺。解决了石墨烯在制备过程中产生的褶皱和空洞等结构缺陷问题，而这些结构缺陷问题会直接影响石墨烯润滑添加剂的润滑减磨性能。因为通过直接热还原制得的 d-tRGO 润滑添加剂的微观结构缺陷较多，并且润滑减磨性能较差，基本与基础油一致。

在多工况下，SA-tRGO 润滑添加剂均具有优异的润滑减磨性能。特别地，在低速下即边界润滑状态下，SA-tRGO 润滑添加剂在分散浓度为 0.5 wt.% 时，可将基础油的摩擦系数和磨损率分别降低 30% 和 75%。总之，本章研究对后续进一步调控石墨烯微观结构和经济、高效地制备石墨烯润滑添加剂具有重要意义。

第4章 高温惰性气体保护还原制备石墨烯润滑添加剂

4.1 引 言

氧化-还原方法制备石墨烯由于具有成本低、易操作等优点,已成为研究和应用石墨烯的重要方法之一。由于其热还原过程无须添加有毒的化学还原剂,具有经济和绿色环保优势,得到了广泛研究。第3章提出的通过浓硫酸辅助热还原石墨烯的方法有效控制了石墨烯制备过程中产生的大量褶皱和空洞等结构缺陷,并提升了石墨烯的润滑减磨性能。尽管如此,SA-tRGO 仍然具有不足之处。首先,SA-tRGO 的自分散特性较差,通过物理分散过程,仅静置 20 h 就发生了明显的分层沉淀现象(图 3.7)。其次,通过 XPS 元素分析可得(表 3.1),SA-tRGO 的含氧量相对较高,碳氧原子比仅为 4.3,其还原过程不彻底。大量的含氧官能团分布在石墨烯的层间和表面。一方面,石墨烯层间的含氧官能团会增大碳层之间的静电力和范德华力,容易造成层层堆叠和交联,不利于石墨烯的润滑减磨作用。石墨烯表面的含氧官能团,同样会增大石墨烯之间吸引力而发生团聚,降低其自分散稳定性能。因此,石墨烯润滑添加剂的还原程度、分散和润滑稳定性还需进一步完善和优化。当还原温度较低时,直接热还原的石墨烯结构缺陷较多,石墨烯表面和层间均产生了大量的褶皱和空洞等结构缺陷且其还原程度较低[84]。当还原温度过高(≥1000℃)时,GO 主要被还原成多层石墨烯或者大片层石墨。因为高温对碳层具有退火作用,碳原子在碳层上的重新排布和堆叠使 GO 向着大片石墨结构转变[84, 86]。

因此,本章提出了在较高温度(700℃)下惰性气体保护还原制备石墨烯润滑添加剂(thermally reduced graphene by high temperature,HT-tRGO)的方法。一方面提升了石墨烯的还原程度,另一方面降低了高温退火导致石墨烯向大片层石墨转变。相比于 SA-tRGO(第 3 章),HT-tRGO 的还原程度得到了大幅提高,碳氧原子比提升了近一倍,同时使石墨烯保持了规整的二维层状结构,层间没有明显的堆叠交联现象。此外,HT-tRGO 的剥离程度更高,其比表面积为 $400~\mathrm{m^2/g}$,而 SA-tRGO 的比表面积只有 $44.5~\mathrm{m^2/g}$。研究发现,HT-tRGO 相对于 SA-tRGO 具有更为稳定的润滑减磨性能,其自分散稳定性能同样得到了明显提升。

4.2　石墨烯润滑添加剂的制备与表征

4.2.1　石墨烯润滑添加剂的制备

不同的还原过程使石墨烯的结构、性质和性能差异较大。浓硫酸辅助热还原制备的石墨烯虽然结构缺陷较少,但其还原和剥离程度低。因此,本节通过高温热还原提升脱氧程度制备石墨烯润滑添加剂,制备过程如图 4.1 和图 4.2 所示。GO 的制备参数及过程与第 3 章一致。将制备好的 GO 放入石英管式炉(合肥科晶材料技术有限公司)当中。在氩气保护高温 700℃下还原石墨烯 5 h。其中,氩气流速为 200 mL/min,升温速度为 5℃/min,冷却室温后将石墨烯进行球磨和过筛处理,球磨过筛参数与前几章一致。

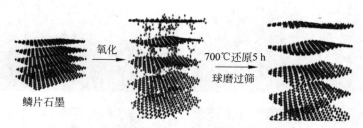

图 4.1　高温惰性气体保护还原石墨烯示意图

图 4.2　高温惰性气体保护还原石墨烯流程图

4.2.2　石墨烯润滑添加剂的表征

由图 4.3 可得,HT-tRGO 的二维尺寸主要集中在 $1\sim2~\mu\mathrm{m}$,并且具有较完整的二维层状结构,层厚均匀。相对于低温直接热还原石墨烯

d-tRGO(图 3.3(d)),HT-tRGO 表面和边缘褶皱缺陷较少;相对于 SA-tRGO(图 3.3(c)),其层间不会出现明显的堆叠交联现象。如图 4.4 所示,GO 的 XPS 谱图中 C1s 主要有四个峰位,分别是 C—C/C=C(284.6 eV),C—O(286.6 eV),C=O(287.8 eV),O—C=O(289.0 eV)。另外,根据 XPS 元素分析(表 4.1),GO 的含氧量较高,说明 GO 层间得到了充分的插层作用。HT-tRGO 的 XPS C1s 谱图中的 C—C/C=C 峰强显著,而碳氧相关峰较弱,说明高温还原后的石墨烯含氧官能团被有效去除。HT-tRGO 的杂质含量较少,其碳氧原子比为 8.1,相对于 SA-tRGO 将碳氧原子比提高了近一倍,因此,该制备工艺相对于浓硫酸辅助热还原过程能够极大地提升石墨烯的还原程度。由拉曼光谱图可得,GO 和 HT-tRGO 的 D 峰相对强度即 I_D/I_G 基本一致,如图 4.5 所示。由此说明,虽然在高温脱氧过程中部分碳原子的去除会产生少量的缺陷,但高温退火过程中碳原子的重新排布也会使石墨烯片层结构得以恢复[112]。

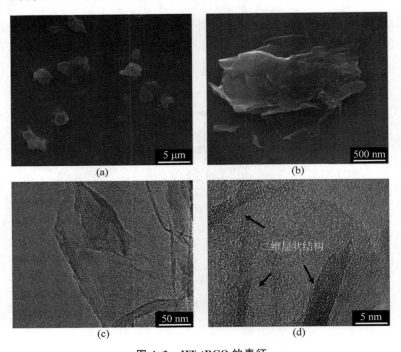

图 4.3　HT-tRGO 的表征

(a),(b) 不同放大倍数的 HT-tRGO 的 SEM 图像;(c),(d) TEM 图像

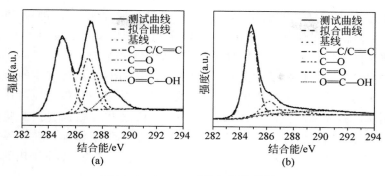

图 4.4　C1s XPS 谱图（前附彩图）

（a）GO；（b）HT-tRGO

表 4.1　GO、SA-tRGO 和 HT-tRGO 的 XPS 元素分析

	原子百分比/at. %				
	C1s	O1s	S2p	Mn2p	N1s
GO	64.59	33.74	1.15	0.18	0.34
SA-tRGO	80.66	18.90	0.16	0.13	0.15
HT-tRGO	89.03	10.31	0.24	0.17	0.25

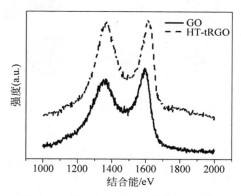

图 4.5　HT-tRGO 和 GO 的拉曼光谱图

4.3　石墨烯润滑添加剂的摩擦学性能

4.3.1　石墨烯润滑添加剂的实验准备

首先对 HT-tRGO 自分散稳定性进行了研究分析。经过同样的物理分散过程后,由图 4.6 可以看出,HT-tRGO 的自分散性能较好,静置 50 h 之后才有微弱的分层现象。而 GO 静置 25 h 后即产生了明显沉淀。因此,相比于浓硫酸辅助热还原石墨烯过程,高温惰性气体保护还原方法制得的石墨烯的自分散稳定性能被明显提升。GO 和 SA-tRGO 具有较多的含氧官能团而更容易相互吸引并团聚,进而导致分散不稳定。为更好地对比不同方法制备的石墨烯摩擦学性能,同样采用 UMT-3 往复摩擦磨损实验机和轴承钢摩擦配副材料进行摩擦实验。另外,石墨烯润滑添加剂在边界润滑状态下的润滑减磨性能突出,根据第 3 章的摩擦实验参数,本章采用的具体实验参数如表 4.2 所示。

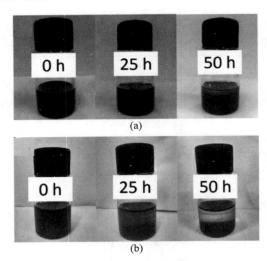

图 4.6　HT-tRGO 和 GO 的分散稳定性

(a) HT-tRGO,0.5 wt. ﹪; (b) GO,0.5 wt. ﹪

表 4.2　摩擦实验参数

实验条件	参　数　范　围	实验条件	参　数　范　围
基础油	PAO 6	滑动频率	0.4 Hz(2.4 mm/s)
实验温度	25℃	滑动时间	90 min
摩擦载荷	2 N(1 GPa)		

4.3.2　石墨烯润滑添加剂的润滑性能

由图 4.7 所示,基础油润滑不稳定,摩擦系数较高,在 0.15～0.2 波动。虽然 GO 润滑添加剂的摩擦系数比基础油低,但其摩擦系数随时间变化趋势与基础油的摩擦系数变化趋势一致。HT-tRGO 润滑添加剂的润滑性能最好,摩擦系数不超过 0.1。润滑 90 min 后的摩擦系数基本没有波动。SA-tRGO 润滑添加剂在滑动 50 min 左右时保持较稳定的润滑性能,但超过 60 min 后,摩擦系数随滑动时间迅速增大,最终与基础油的摩擦系数基本一致。由此说明在较长时间的摩擦之后,SA-tRGO 润滑添加剂润滑不稳定,出现了润滑失效现象。因此,HT-tRGO 润滑添加剂相对于 SA-tRGO 润滑添加剂具有更好的润滑稳定性能。通过提升石墨烯的还原和剥离程度,确实可有效提升石墨烯润滑添加剂的分散和润滑稳定性能。

如图 4.8 所示,GO,SA-tRGO 和 HT-tRGO 三种润滑添加剂的摩擦系数(摩擦时间 90 min)随浓度的变化趋势类似。当浓度为 0.5 wt.％时,HT-tRGO 润滑添加剂的润滑性能最好,相对于基础油将摩擦系数降低了 30％。相对于 SA-tRGO,HT-tRGO 将摩擦系数降低了 23％。当浓度升高到 2.0 wt.％时,HT-tRGO 润滑添加剂的摩擦系数仍然较低,而当 GO 润滑添加剂的浓度为 2.0 wt.％时,基本没有润滑效果。SA-tRGO 润滑添加剂的润滑性能同样不稳定,长时间的摩擦之后会产生润滑失效问题。

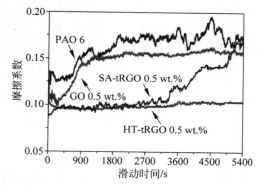

图 4.7　GO,SA-tRGO,HT-tRGO 润滑添加剂和基础油的摩擦系数随滑动时间变化图

4.3.3　石墨烯润滑添加剂的减磨性能

如磨痕形貌图 4.9 所示,基础油和 GO 润滑添加剂的润滑表面均产生了严重的磨痕。SA-tRGO 润滑添加剂的润滑表面具有较宽的磨痕,而 HT-tRGO 润滑表面仅出现较浅的磨痕。以上三种添加剂的减磨效果随浓度变化的趋势类似,如图 4.10 所示。基础油润滑表面产生的最大磨痕深度为 1160 nm,GO 和 SA-tRGO 润滑添加剂的减磨效果较明显,当浓度为 0.5 wt.％时,分别将磨痕深度降低了 50％和 62％。而 HT-tRGO 润滑添

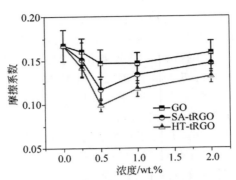

图 4.8 GO,SA-tRGO 和 HT-tRGO 润滑添加剂的摩擦系数随浓度变化图

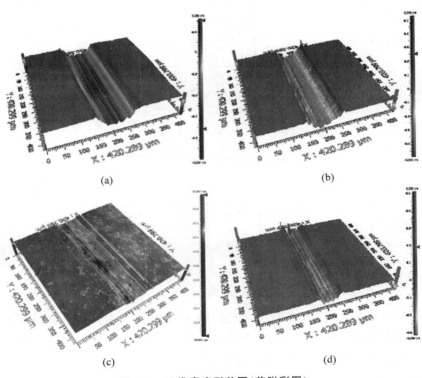

图 4.9 三维磨痕形貌图(前附彩图)

(a) 基础油；(b) GO,0.5 wt.%；(c) SA-tRGO,0.5 wt.%；(d) HT-tRGO,0.5 wt.%

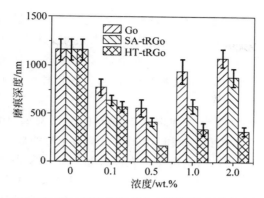

图 4.10　GO,SA-tRGO 和 HT-tRGO 润滑添加剂的润滑表面磨痕深度随浓度变化图

加剂的减磨效果最为优异,相对于 SA-tRGO 将磨痕深度进一步降低了51%。当浓度超过 0.5 wt.%时,HT-tRGO 润滑添加剂仍然具有优异的减磨效果,而 GO 和 SA-tRGO 润滑添加剂润滑表面的磨痕深度明显增大。这主要是由于 GO 和 SA-tRGO 润滑添加剂的含氧官能团较多而容易团聚,并在界面边缘沉积进而阻碍了滑动过程。由图 4.11 可以看出,GO 润

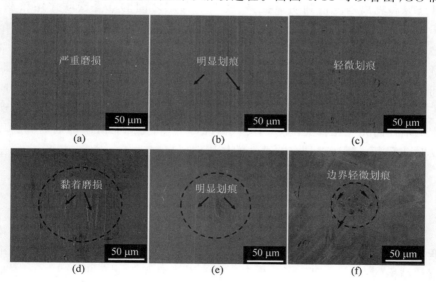

图 4.11　钢片磨痕和钢球磨斑 SEM 图像(0.5 wt.%)

(a) GO 润滑的钢盘磨痕 SEM 图像;(b) SA-tRGO 润滑的钢盘磨痕 SEM 图像;
(c) HT-tRGO 润滑的钢盘磨痕 SEM 图像;(d) GO 润滑的钢球磨斑 SEM 图像;
(e) SA-tRGO 润滑的钢球磨斑 SEM 图像;(f) HT-tRGO 润滑的钢球磨斑 SEM 图像,
其中插图为磨痕处的拉曼信号

滑添加剂的润滑表面磨损较严重,钢球和盘均产生了明显的颗粒磨损和黏着磨损。SA-tRGO 的添加虽然能够降低磨损程度,但在磨痕边缘具有明显的磨痕,进一步说明了其容易在摩擦接触区边缘产生团聚并沉积。而在HT-tRGO 的润滑作用下,钢盘磨痕较轻微,仅在钢球磨斑上产生了微小的磨痕。

总之,HT-tRGO 润滑添加剂具有优异的润滑减磨性能。第一,HT-tRGO 润滑添加剂相对于 GO 和 SA-tRGO 具有更好的自分散性能(图 4.6)而更容易进入摩擦接触区,也避免了在摩擦过程中润滑添加剂在界面边缘产生团聚和沉积;第二,HT-tRGO 润滑添加剂可以在摩擦界面吸附并形成稳定的石墨烯保护膜。由图 4.11(f)插图可得,清洗后的摩擦界面可测得 HT-tRGO 的拉曼峰位,即石墨烯的 D 峰和 G 峰,说明 HT-tRGO 在界面可形成稳定的吸附保护膜。第三,与 GO 和 SA-tRGO 相比,HT-tRGO 润滑添加剂更容易实现层间的相互滑移作用。一方面,HT-tRGO 的微观形貌与 SA-tRGO 类似,具有较规整和有序的二维层状结构;另一方面,与SA-tRGO 相比,HT-tRGO 润滑添加剂的含氧量较低,比表面积更大,说明其还原和剥离程度得到明显提升,使其层与层之间的堆叠交联作用较弱。那么,还原程度和剥离程度是否对石墨烯润滑添加剂的摩擦学性能和分散稳定性均具有显著的促进作用? 机械剥离的石墨烯(如工业石墨烯,第 2章)不涉及氧化-还原过程,即其含氧量较低,分散在基础油当中静置一天时间同样会产生明显的沉淀现象,并且其摩擦学性能不理想(图 2.6)。另外,工业石墨烯呈多层晶体结构,剥离程度较低,在摩擦过程中其微观结构会产生缺陷并向无序化转变(图 2.10)。由此可见,石墨烯润滑添加剂的剥离程度对其润滑减磨性能具有关键性的作用。

4.4　本 章 小 结

本章提出了在较高温度(700℃)下惰性气体保护热还原法制备石墨烯润滑添加剂的微观结构调控方法。该调控方法在保持了石墨烯规整的二维层状结构的基础上,明显提升了石墨烯的还原和剥离程度。相对于 SA-tRGO,HT-tRGO 的碳氧原子比提高了一倍,比表面积由 44.5 m^2/g 提升到了 400 m^2/g。

研究发现,HT-tRGO 具有良好的自分散稳定性和优异的润滑减磨性能。摩擦系数和磨痕深度相对于基础油分别降低了 30% 和 80%,而相对于 SA-tRGO,摩擦系数和磨痕深度分别降低了 23% 和 47%。进一步分析得出,石墨烯的剥离程度对其润滑减磨和分散稳定性起到了关键性的作用。

因此,大幅提升石墨烯润滑添加剂的剥离程度具有重要意义,高度剥离态的石墨烯的调控方法和制备工艺仍待深入的研究。总之,本章提出的高温惰性气体热还原制备石墨烯润滑添加剂的调控思路和制备工艺对后续优化石墨烯润滑添加剂的制备方法具有重要的指导意义。

第5章 氢氧化钾高温活化还原制备 石墨烯润滑添加剂

5.1 引　言

现如今,石墨烯的制备工艺较多并广泛地应用于不同的领域。不同的领域对石墨烯的制备工艺和微观结构均有不同的要求。而不同工艺制备的石墨烯的润滑性能和分散稳定性差异巨大,即并不是任何制备工艺均适合于以石墨烯作为润滑添加剂进行研究和应用(第 2 章)。因此,石墨烯润滑添加剂的微观结构调控方法和制备工艺有待深入研究。提升制备质量,降低石墨烯结构缺陷对石墨烯润滑减磨性能具有重要意义。首先,为了克服石墨烯在制备过程中产生的褶皱和空洞等结构缺陷,第 3 章提出了浓硫酸辅助热还原制备出具有规整的二维层状结构的石墨烯润滑添加剂的调控思路。在第 4 章提升石墨烯的还原和剥离程度的研究中发现,石墨烯的剥离程度可进一步提升其润滑减磨和自分散稳定性能。因此,本章的主要工作是在保证石墨烯规整的二维层间结构的基础上,通过大幅提升石墨烯的剥离状态制备具有优异的润滑减磨性能和自分散稳定特性的石墨烯润滑添加剂。

为制备出具有高度剥离态的石墨烯(thermally reduced graphene with high exfoliation,HE-tRGO),本章提出了氢氧化钾高温活化还原石墨烯的调控思路。将 GO 与氢氧化钾充分混合,在热还原过程中,GO 被氢氧化钾固体充分包裹从而抑制了高压气体对碳层造成的褶皱和空洞等结构缺陷。另外,高温下钾离子和氢氧根离子可以有效地渗入石墨烯层间,并对层间碳原子进行刻蚀,实现均匀剥离的效果[113-115]。研究发现,该石墨烯较其他石墨烯具有更为优异的润滑减磨性能和自分散稳定特性。本章工作系统并深入阐明了石墨烯润滑添加剂的剥离程度对其润滑减磨性能的影响规律,为后续研究石墨烯润滑添加剂在摩擦过程中的微观结构演变机制和润滑机理奠定了基础。

5.2　石墨烯润滑添加剂的制备与表征

5.2.1　石墨烯润滑添加剂的制备

制备石墨烯所需的原料与前几章相同。石墨烯的制备过程如图 5.1 和图 5.2 所示。首先,将 6 g GO 和 24 g 的氢氧化钾(KOH)固体(分析纯,国药集团化学试剂有限公司)混合在 16 g 的乙醇当中。然后,将其放入球磨机中,在 300 r/min 下运行 0.5 h,使其混合均匀。混合充分之后将其风干处理,蒸发形成胶状混合物。随后将混合物置于高温管式炉,在高温 700℃下刻蚀还原石墨烯 4 h。其中,氩气流速为 200 mL/min。将还原后的石墨烯混合物用去离子水反复清洗致中性,过滤后放入鼓风干燥箱中,在 80℃下干燥 2 h。将干燥后的石墨烯进行球磨和过筛处理,相关的参数和过程同样与前几章相同。

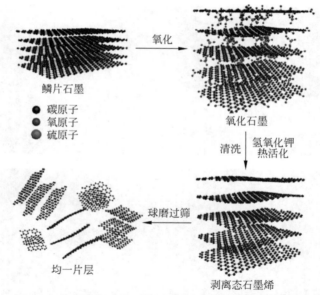

图 5.1　氢氧化钾高温活化还原石墨烯示意图(前附彩图)

图 5.2　氢氧化钾高温活化还原石墨烯流程图

5.2.2 石墨烯润滑添加剂的表征

KOH 通过对石墨烯层间的碳原子刻蚀活化作用达到剥离石墨烯的效果,因此 KOH 的匹配质量直接影响了石墨烯的剥离程度。这里用 HE-tRGO-n 表示采用不同的活化比 n(KOH 与 GO 的质量比)制备出的石墨烯,$n = 0, 1, 2, 4, 6, 8$。下面主要以 HE-tRGO-4 作为分析对象。相对于 SA-tRGO(第 3 章)和 HT-tRGO(第 4 章),HE-tRGO-4 具有规整的二维层状结构,剥离程度更高,表面空洞等缺陷较少,层间不会产生堆叠和交联,如图 5.3 所示。这些特点主要源于高温下 KOH 对 GO 的刻蚀活化作用[113]:一方面,如化学反应式(5.1)所示,高温下 KOH 可以与 GO 热分解出的二氧化碳气体(CO_2)等产生化学反应形成可溶性盐,减少了 GO 释放的高压气体对石墨烯结构的破坏,而且 GO 被 KOH 充分包裹,进一步避免了结构缺陷的产生,该过程的温度一般低于 300℃,另一方面,高温下(700℃)

(a)　　　　　　　　　(b)

(c)　　　　　　　　　(d)

图 5.3　HE-tRGO-4 的表征

HE-tRGO-4 的 SEM 图像:(a)低倍放大图;(b)高倍放大图;
HE-tRGO-4 的 TEM 图像:(c)低倍放大图;(d)高倍放大图

氢氧化钾释放出的钾离子和氢氧根离子(氢氧化钾熔点 380℃)可渗入石墨烯层间。钾离子与层间的碳原子发生化学反应,起到刻蚀活化作用,最终达到均匀剥离的效果,如式(5.2)所示。因为这里采用的活化温度(700℃)相比于前人的研究(800~1000℃)较温和,发生刻蚀作用的碳原子主要发生在石墨烯的边缘和层间有缺陷的地方。因此,HE-tRGO-4 保持了规整的二维层状结构,且其表面没有纳米空洞出现,而前人制备的石墨烯表面出现了明显的空洞等刻蚀缺陷[115]。

$$2KOH + CO_2 \xrightarrow{\triangle} K_2CO_3 + H_2O \tag{5.1}$$

$$6KOH + 2C \xrightarrow{\triangle} 2K + 2K_2CO_3 + 3H_2 \uparrow \tag{5.2}$$

虽然 HE-tRGO-n 均保持了较规整的二维形貌结构,但不同活化比制备出的石墨烯层间空隙结构差异较大。采用比表面积孔隙率分析仪(Tristar II 3020,美国)并根据 Barrett-Joyner-Halenda(BJH)法测得的 HE-tRGO-n 的孔径尺寸分布如图 5.4 所示。HE-tRGO-4 的孔径分布较均匀,主要分布在 2 nm 左右,并有少量分布在 5~10 nm,因此,其属于介孔材料。而当活化比较小时,如 HE-tRGO-0 和 HE-tRGO-1,虽然其孔径在 2 nm 附近均有分布,但在 10 nm 至近 100 nm 范围均有大量的分布,即低活化比制得的石墨烯具有明显的大孔结构。当活化比较大时,如 HE-tRGO-6 和 HE-tRGO-8,其与 HE-tRGO-4 具有一致的孔径分布范围。因此进一步说明,增大活化比会使 KOH 对石墨烯层间的碳原子产生均匀剥离的效果。

高的活化比不仅可以有效促进石墨烯孔径分布的均匀性,而且可以大幅提升石墨烯的剥离程度。如图 5.5 所示,随着活化比的增大,石墨烯的比表面积明显变大。虽然当活化比较低时,石墨烯的剥离程度变化较缓慢,如 HE-tRGO-0,HE-tRGO-1 和 HE-tRGO-2 的比表面积均不超过 500 m^2/g。而当活化比进一步增大时,石墨烯的剥离程度显著增大,因为 HE-tRGO-4,HE-tRGO-6 和 HE-tRGO-8 的比表面积分别高达 839.5 m^2/g,1540 m^2/g 和 1710 m^2/g。然而,HE-tRGO-n 的产量(石墨烯与 GO 的质量比)随活化比的增大而逐渐降低,如图 5.5 所示。当活化比 $n < 4$ 时,石墨烯的产率较高,例如 HE-tRGO-0 和 HE-tRGO-1 的产率分别为 44.5% 和 36.8%。当活化比 $n \geqslant 4$ 时,石墨烯产量显著降低,例如 HE-tRGO-6 和 HE-tRGO-8 的产率分别降低至 16.1% 和 13.0%。因此,增大活化比,KOH 对碳原子刻蚀作用剧烈,使石墨烯的碳原子缺失严重从而导致其产率降低。

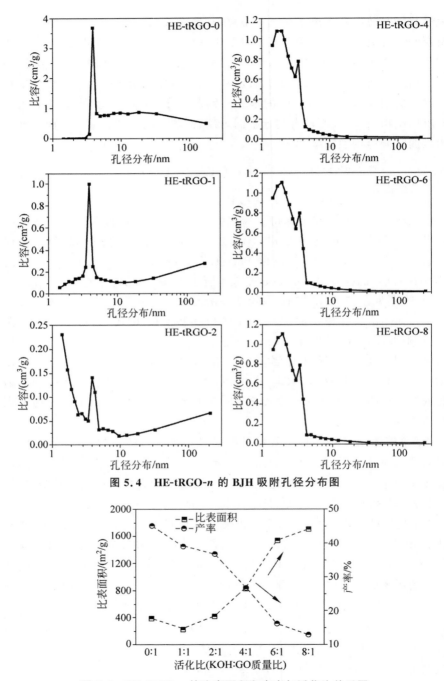

图 5.4 HE-tRGO-*n* 的 BJH 吸附孔径分布图

图 5.5 HE-tRGO-*n* 的比表面积和产率与活化比关系图

　　虽然 HE-tRGO-n 的剥离程度随活化比增大而变大,但其结构缺陷和化学成分基本一致。由图 5.6 的拉曼光谱分析得,HE-tRGO 均具有典型的拉曼峰位 D 峰(1344 cm^{-1})和 G 峰(1590 cm^{-1})。与 SA-tRGO(第 3 章)和 HT-tRGO(第 4 章)相比,HE-tRGO-n 的 I_D/I_G 值更大,说明在高温脱氧和活化过程中不可避免地对石墨烯的结构产生了一定的破坏。而在不同活化比作用下,HE-tRGO-n 的 I_D/I_G 值较一致,均分布在 1.3 左右,说明 HE-tRGO-n 的微观结构的缺陷程度一致。由上文讨论可得,相比于前人的研究[115],这里选取的活化温度较温和(700℃),而且石墨烯的边缘和缺陷处的活性较高,KOH 主要从石墨烯的边缘和缺陷区域产生刻蚀活化作用。因此,即使增大活化比,石墨烯内部的结构缺陷变化也较小。由 C1s 的 XPS 谱图分析可得,HE-tRGO-n 均具有较强的 C—C/C＝C 结合能(284.6 ev),而其他的含氧基团如 C—O(286.6 eV),C＝O(287.8 eV)和 O—C＝O(289.0 eV)的结合能非常弱,如图 5.7 所示。如表 5.1 所示,HE-tRGO-n 的化学成分基本一致:杂质含量较少,碳含量近 90％,含氧量接近 10％。因此,HE-tRGO-n 与 HT-tRGO(第 4 章)的还原程度基本一致。

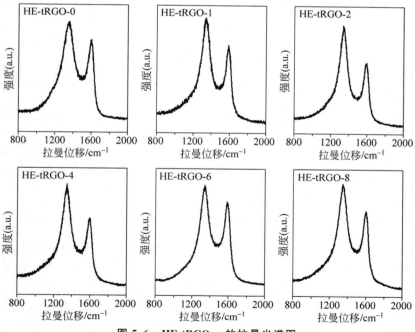

图 5.6　HE-tRGO-n 的拉曼光谱图

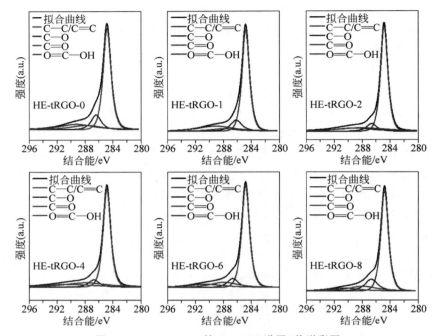

图 5.7　HE-tRGO-n 的 C1s XPS 谱图（前附彩图）

表 5.1　HE-tRGO-n 的 XPS 元素分析

HE-tRGO-n	原子百分比/at.%			
	C1s	O1s	S2p	Mn2p
HE-tRGO-0	90.00	9.40	0.45	0.15
HE-tRGO-1	91.24	8.50	0.12	0.14
HE-tRGO-2	91.09	8.11	0.62	0.18
HE-tRGO-4	89.14	10.09	0.56	0.21
HE-tRGO-6	88.85	10.74	0.23	0.18
HE-tRGO-8	88.08	11.66	0.13	0.13

因为 GO 的脱氧过程主要发生在 200℃以下，而 KOH 对 GO 的刻蚀作用一般发生在 500℃以上，也就是说 KOH 对碳原子的刻蚀活化作用与脱氧过程发生在不同的温度，所以活化比对石墨烯含氧量的影响较小[68,116]。总之，活化比对石墨烯的剥离程度起到了关键性的作用，但对石墨烯的结构缺陷和化学成分的影响较小。5.3 节将系统研究 HE-tRGO-n 的剥离程度对摩擦学性能的影响。

5.3　石墨烯润滑添加剂的摩擦学性能

5.3.1　石墨烯润滑添加剂的实验准备

本实验参数和设备以及石墨烯润滑添加剂的分散过程与第 4 章实验准备过程一致。由第 1 章综述可知,如今的石墨烯制备方法当中常见的是微机械剥离法、物理及化学气相沉积以及氧化-还原方法。其中,机械剥离的工业石墨烯已经在第 2 章详细研究过,因此,这里选取了其他两种方法制备的三种工业石墨烯用于 HE-tRGO-n 的分散稳定性和润滑减磨性能的对比研究。氧化-还原反应制得的石墨烯分别记为"RGO-1"(常州第六元素材料科技股份有限公司)和"RGO-2"(南京先丰纳米材料科技有限公司),另外一种是通过化学气相沉积(CVD)生长的石墨烯粉体,记为"CVD-G"(北京北方国能科技有限公司)。由拉曼光谱分析可得,CVD-G 较其他两种 RGO 具有较弱的 D 峰强,说明 CVD 制备的石墨烯结晶度较好,缺陷较少,而 RGO-1 和 RGO-2 的 D 峰值明显高于 G 峰,说明其结晶度较差,如图 5.8 所示。但是 CVD-G 的二维层状结构不规整,表面形貌褶皱严重,而 RGO-1 相对于 CVD-G 的微观表面褶皱和空洞等缺陷较少,如图 5.9 所示。相对于 CVD-G 和 RGO-1,RGO-2 微观表面的褶皱等结构缺陷不明显并且具有较规整的二维层状结构。

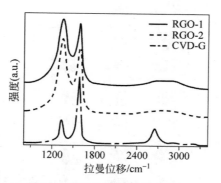

图 5.8　工业石墨烯拉曼光谱图

由于活化比直接影响了石墨烯的产率,当活化比 $n \geq 4$ 时,石墨烯的产率直线下降(图 5.5)。HE-tRGO-4 较高的剥离程度和产率使其具有研究和应用的价值,所以下文首先研究 HE-tRGO-4 的性能。在实验之前,对以

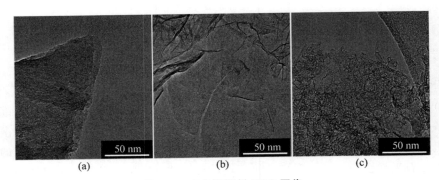

图 5.9　工业石墨烯 TEM 图像
(a) RGO-1；(b) RGO-2；(c) CVD-G

上三种工业石墨烯与 HE-tRGO-4 均采用相同的球磨和过筛处理。这里选取 0.5 wt.％的浓度进行分散稳定性实验。由图 5.10 可以看出，静置 48 h后，CVD-G 润滑油产生了明显的沉淀。RGO-1 和 RGO-2 润滑油在保持不到 96 h 后同样产生了严重的分层和沉淀。而 HE-tRGO-4 润滑油在静置了 144 h 后依然保持了良好的自分散特性，当静置超过 192 h 后才产生较明显的分层现象。因此，HE-tRGO-4 相对于工业石墨烯，SA-tRGO（第 3章）和 HT-tRGO（第 4 章）具有更加优异的自分散特性。对于表面具有明显的褶皱和空洞等缺陷的石墨烯，其表面悬键相对较多[117]，更容易相互吸

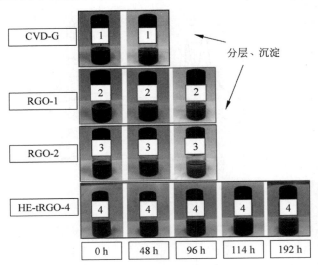

图 5.10　石墨烯润滑添加剂的分散稳定性

引和团聚。而 HE-tRGO-4 不仅具有规整的二维层状结构,而且有更高的比表面积,基础油分子能够充分并有效地与石墨烯微表面接触和吸附,进而降低石墨烯表面之间的接触面积,增大石墨烯颗粒之间的空间位阻,从而克服了石墨烯的团聚问题[54,67]。

5.3.2　石墨烯润滑添加剂的润滑性能

如图 5.11(a)和(b)所示,摩擦初期基础油的摩擦系数波动较大,最终稳定在 0.163 附近。而不同工艺制备的工业石墨烯润滑性能差异较大。CVD-G 和 RGO-1 润滑添加剂仅在摩擦初期具有较明显的润滑效果。在较长时间的摩擦之后,RGO-1 润滑添加剂的摩擦系数与基础油的基本一致,而 CVD-G 润滑添加剂的摩擦系数甚至大于基础油的摩擦系数,即 CVD-G 的添加反而降低了基础油的润滑性能。RGO-2 润滑添加剂相对于其他的

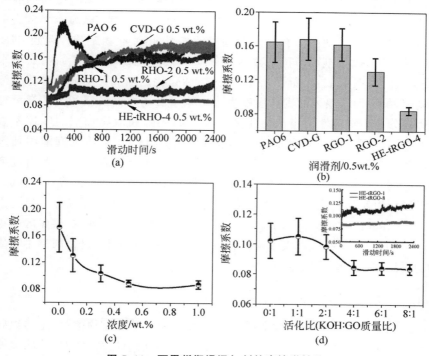

图 5.11　石墨烯润滑添加剂的摩擦学性能

(a) 石墨烯润滑添加剂(0.5 wt.%)摩擦系数随时间变化图;

(b) 石墨烯润滑添加剂(0.5 wt.%)摩擦系数对比图;

(c) HE-tRGO-4 的摩擦系数随浓度变化图;(d) 摩擦系数随活化比的变化图

工业石墨烯具有良好的润滑性能,可将基础油的摩擦系数降低到 0.124。HE-tRGO-4 的添加可有效减缓基础油在磨合过程产生的剧烈波动。HE-tRGO-4 润滑添加剂稳定的摩擦系数仅为 0.084,相对于基础油将摩擦系数降低了 50%。当 HE-tRGO-4 润滑添加剂的质量浓度从 0.0 wt.%升高到 0.5 wt.%时,润滑油的摩擦系数明显降低。当浓度继续增大时,其摩擦系数仍然保持着稳定且较低的值,说明 HE-tRGO-4 润滑添加剂在较宽的浓度范围内具有良好的润滑稳定性,如图 5.11(c)所示。此外,石墨烯的剥离程度对其润滑性能具有显著的影响,如图 5.11(d)所示。HE-tRGO-0 和 HE-tRGO-1 润滑添加剂的剥离程度较低,其摩擦系数均大于 0.1。随着剥离程度的增大,石墨烯的润滑性能进一步得到提升,例如 HE-tRGO-2 和 HE-tRGO-4 润滑添加剂的摩擦系数均小于 0.1。然而,摩擦系数并不是随着剥离程度增大而一直降低。例如,HE-tRGO-6 和 HE-tRGO-8 剥离程度明显大于 HE-tRGO-4,但是 HE-tRGO-6 和 HE-tRGO-8 润滑添加剂的摩擦系数分别为 0.085 和 0.083,即和 HE-tRGO-4 的摩擦系数基本一致。不过随着剥离程度的增大,石墨烯的润滑稳定性得到明显提升。例如,HE-tRGO-8 润滑添加剂的摩擦系数不仅明显低于 HE-tRGO-1,而且具有更小的波动性,由图 5.11(d)插图所示。总之,活化比的增大可明显提升石墨烯的剥离程度,而石墨烯的剥离程度直接影响了石墨烯润滑添加剂的润滑性能和自分散稳定特性。当活化比 $n < 4$ 时,石墨烯润滑添加剂的摩擦系数随着剥离程度的提升而明显降低。当活化比 $n \geqslant 4$ 时,石墨烯润滑添加剂的摩擦系数随着剥离程度的提升而基本保持在较低且稳定的值。具有高度剥离态的石墨烯润滑性能没有进一步提升可能由以下原因造成:一方面,石墨烯润滑添加剂能够进入摩擦接触区实现润滑作用的含量有限;另一方面,石墨烯润滑添加剂与摩擦表面主要形成物理吸附保护膜,在接触区的粗糙峰间的相互作用下,该吸附保护膜不够稳定而容易破裂,进而限制了石墨烯润滑添加剂的润滑性能。

5.3.2　石墨烯润滑添加剂的减磨性能

由图 5.12 所示,基础油润滑的摩擦表面产生了明显的磨痕,主要以颗粒磨损为主。然而,添加 0.5 wt.%的 CVD-G 使磨痕的宽度和深度明显变大,说明 CVD-G 润滑添加剂的润滑减磨性能较差,进一步证实了表面具有大量的褶皱和空洞等结构缺陷的石墨烯不适合作为润滑添加剂。虽然 RGO-1 润滑添加剂的润滑表面磨损体积相对于基础油较小,但其表面同样

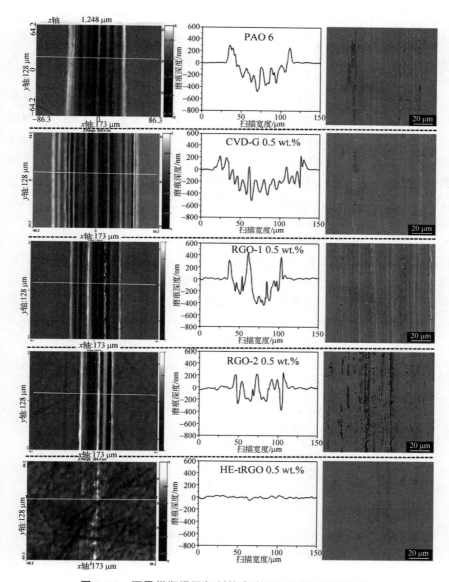

图 5.12　石墨烯润滑添加剂的磨痕形貌图像（前附彩图）

产生了大量的磨痕。RGO-2 润滑添加剂的润滑表面上的磨痕深度和宽度明显小于 RGO-1 和基础油。相对于以上两种工业石墨烯，RGO-2 润滑添加剂因具有较低的结构缺陷和较规整的二维层状结构而具有较好的润滑减磨性能。而 HE-tRGO-4 润滑添加剂的减磨性能最为优异。由图 5.12 可以看出,HE-tRGO-4 润滑添加剂润滑的表面没有明显的磨痕和磨损颗粒,磨痕处的粗糙度与摩擦表面的基体基本一致,说明了 HE-tRGO-4 润滑添加剂达到了零磨损的减磨效果。

如图 5.13 所示,CVD-G 和 RGO-1 润滑添加剂的减磨效果最差,磨痕宽度和磨痕深度与基础油基本一致。RGO-2 的减磨性能较好,相对于基础油,将磨痕宽度和磨痕深度分别降低了 21.4% 和 36%。HE-tRGO-4 润滑添加剂的润滑表面的磨痕最轻,相对于 RGO-2 将磨痕宽度和磨痕深度分别降低了 33.3% 和 88.7%。HE-tRGO-n 的剥离程度对减磨性能同样具有显著的影响。如图 5.14 所示,HE-tRGO-0 和 HE-tRGO-1 润滑添加剂的剥离程度较小,它们的磨痕宽度和磨痕深度分别在 45 μm 和 200 nm 以上。HE-tRGO-2 润滑添加剂的剥离程度得到进一步的提升,其磨痕宽度和磨痕深度分别降低至 36.5 μm 和 42.8 nm。而 HE-tRGO-6 和 HE-tRGO-8 润滑添加剂的减磨性能与 HE-tRGO-4 基本一致。即石墨烯润滑添加剂的剥离程度对其减磨性能的影响与对润滑性能的影响趋势基本一致(图 5.11(d))。

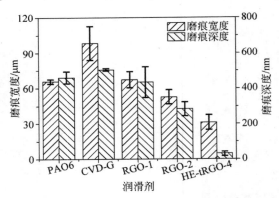

图 5.13　石墨烯润滑添加剂(0.5 wt.%)的磨痕宽度和深度统计图

5.3.3　石墨烯润滑添加剂的长磨稳定性

本节进一步研究了石墨烯润滑添加剂的常磨稳定性能,包括第 3 章和第 4 章制备的石墨烯 SA-tRGO 和 HT-tRGO,如图 5.15 所示。基础油的摩擦系数随滑动时间而剧烈地波动。尤其当摩擦 7 h 后,其摩擦系数增大至 0.25,即长时间的摩擦后,基础油的润滑性能急剧变差。工业石墨烯如

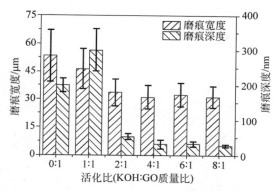

图 5.14　石墨烯润滑添加剂(0.5 wt.%)的磨痕宽度和磨痕深度随活化比的变化图

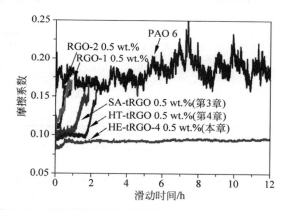

图 5.15　石墨烯润滑添加剂的摩擦系数随滑动时间变化图

RGO-1 和 RGO-2 润滑添加剂润滑 0.5 h 左右摩擦系数突然上升,说明此时石墨烯的润滑作用已经失效。相对于 RGO-1 和 RGO-2,SA-tRGO 和 HT-tRGO 润滑添加剂的摩擦系数较小并可保持 1～2 h 的润滑稳定性。当超过 2 h 时,SA-tRGO 和 HT-tRGO 润滑添加剂同样发生了润滑失效现象。HE-tRGO-4 具有优异的润滑稳定性,相对于基础油,HE-tRGO-4 润滑添加剂的摩擦系数波动幅度极其微弱。当连续摩擦 12 h 后,其摩擦系数仍然低于 0.1。因此,相对于 SA-tRGO 和 HT-tRGO,HE-tRGO-4 润滑添加剂可将润滑稳定性提升至少 6 倍。另外,HE-tRGO-4 在摩擦 12 h 后的磨痕分析如图 5.16(a)和(b)所示,基础油的润滑表面上产生了严重的磨痕,磨痕内堆积着大量的黑色铁质磨屑;HE-tRGO-4 润滑添加剂的润滑表面上的磨痕较轻,仅在边缘产生了微弱的磨痕,而磨痕内保存了较均匀的石墨烯保护膜。相比于基础油，HE-tRGO-4 润滑添加剂的磨痕深度基本可以忽略不计，如图 5.16(c)所示。由此可得，HE-tRGO-4 润滑添加剂具有优异的长磨稳定性能。

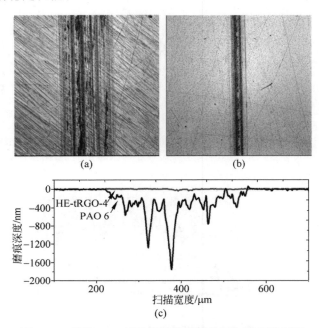

图 5.16　摩擦 12 h 后的磨痕光学形貌图和磨痕轮廓图

(a) HE-tRGO-4(0.5 wt.％)磨痕光学形貌图；(b) 基础油的磨痕光学形貌图；(c) 磨痕轮廓图

为了分析 HE-tRGO-4 润滑添加剂的高效润滑稳定性的作用机制，这里提取了图 5.16 中 HE-tRGO-4 磨痕表面的石墨烯磨屑进行 TEM 测试分析。如图 5.17(a)和(b)所示，HE-tRGO-4 的剥离程度较高，其微观结构没有明显的层间堆叠的晶格结构。然而，HE-tRGO-4 润滑添加剂的磨屑上产生了明显的长程有序结构，即 HE-tRGO-4 磨屑向着石墨化方向变化，如图 5.17(c)和(d)所示。进一步分析 HE-tRGO-4 摩擦表面的拉曼光谱图，如图 5.18 所示。磨痕上出现了石墨烯的典型峰位，即 D 峰($1344~\mathrm{cm}^{-1}$)和 G 峰($1390~\mathrm{cm}^{-1}$)，说明 HE-tRGO-4 在摩擦表面形成了吸附保护膜进而促进了其润滑减磨性能。此外，HE-tRGO-4 的磨痕外 D 峰相对强度 $I_\mathrm{D}/I_\mathrm{G}=1.12$，而磨痕内 HE-tRGO-4 的 D 峰相对强度 $I_\mathrm{D}/I_\mathrm{G}=1.01$。因此，可以说明 HE-tRGO-4 润滑添加剂在摩擦过程中，其微观结构确实向着有序化方向转变，促进了石墨烯的层间滑移作用，进而提升了其润滑减磨性能。

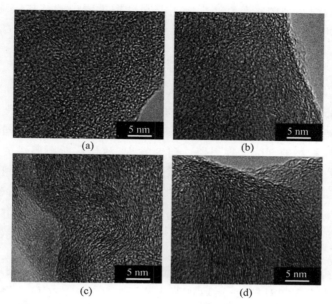

图 5.17　HE-tRGO-4 润滑添加剂和其磨屑的 TEM 图像

（a），（b）石墨烯润滑添加剂不同区域的 TEM 图像；

（c），（d）石墨烯润滑添加剂磨屑不同区域的 TEM 图像

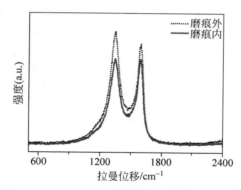

图 5.18　HE-tRGO-4 润滑表面上的拉曼光谱图

　　然而，上文研究过的工业石墨烯（第 2 章）和 SA-tRGO（第 3 章）润滑添加剂在摩擦过程中拉曼光谱中的 D 峰均明显变强，说明其微观结构都发生了明显的缺陷并向无序化方向转变。而 HE-tRGO-4 能够在摩擦界面形成有序的层间滑移作用进而提升了润滑减摩性能。由此可见，石墨烯润滑添

加剂初始的微观结构状态直接影响了其在摩擦过程中的结构演变,从而造成了不同的摩擦学行为。

5.4　本章小结

　　为大幅提升石墨烯的剥离程度,本章采用了 KOH 高温活化还原方法制备石墨烯润滑添加剂,并提出了通过改变活化比制备具有不同剥离程度的石墨烯润滑添加剂的调控思路。研究发现,活化比对石墨烯的剥离程度具有关键性的作用。随着活化比的增大,石墨烯的剥离程度得到了显著地提高,但其产量却明显下降。石墨烯的剥离程度直接影响了润滑减磨性能。当活化比 $n<4$ 时,随着活化比即剥离程度的增大,石墨烯的润滑减磨性能明显提升;当活化比 $n \geqslant 4$ 时,随着剥离程度的增大,其润滑减磨性能基本稳定不变。

　　由于当活化比 $n=4$ 时,活化还原的石墨烯(HE-tRGO-4)不仅剥离程度较高而且产率相对较大,所以本章主要研究了 HE-tRGO-4 润滑减磨性能和自分散稳定特性。HE-tRGO-4 具有优异的自分散稳定特性。相对于基础油,HE-tRGO-4 润滑添加剂将摩擦系数和磨痕深度分别降低了 50％ 和 90％。特别地,HE-tRGO-4 润滑添加剂具有优异的长磨稳定性。在连续摩擦 12 h 后,HE-tRGO-4 仍然保持着良好的润滑稳定性,相对于 SA-tRGO(第 3 章)和 HT-tRGO(第 4 章),可将润滑稳定性提升至少 6 倍。石墨烯的初始结构状态直接影响了其在摩擦过程中的微观结构演变过程和石墨烯的润滑减磨性能。HE-tRGO-4 的剥离程度较高,其微观结构在摩擦过程中向着有序化方向转变促进了石墨烯的层间滑移作用,进而提升了其润滑减磨性能。

第6章 绿色原位合成石墨烯复合纳米润滑添加剂

6.1 引 言

　　纳米润滑添加剂在降低机械装备的摩擦能耗和提升其耐磨寿命方面得到了广泛研究。在机械装备运行过程中,往往会产生大量的摩擦热,从而导致摩擦接触区的温度急剧升高,因此,润滑介质的高温润滑稳定性对机械装备的节能减排具有重要的意义。虽然含有极性元素如硫和磷等添加剂的摩擦学性能较突出,但其本身具有毒性且会造成严重的界面腐蚀问题。而石墨烯润滑添加剂具有绿色环保特性,在摩擦过程中具有显著的抗氧化腐蚀性能。前几章通过石墨烯的微观结构调控提出了具有高效的润滑减磨性能的石墨烯润滑添加剂的制备工艺(SA-tRGO,HT-tRGO,HE-tRGO-n),并发现通过提升石墨烯的剥离程度(HE-tRGO-4)可显著地提升石墨烯的润滑减磨性能和自分散稳定特性。然而,石墨烯润滑添加剂的性能仍具有局限性,即使大幅提升石墨烯的剥离程度,其润滑减磨性能也基本保持不变(图 5.11(d))。另外,石墨烯润滑添加剂的高温润滑性能较差。因为在高温下,石墨烯表面活性较高易产生团聚,使摩擦学性能不理想。如图 6.1 所示,HE-tRGO-4 的高温润滑性能不稳定,摩擦系数基本在 0.1 以上。润滑近 0.5 h 之后便产生了润滑失效现象。

　　为提升石墨烯润滑添加剂的高温性能,石墨烯复合纳米润滑添加剂具有重要的潜力。一方面,在石墨烯表面负载纳米粒子可以降低石墨烯之间的接触面积,进而抑制其相互吸引和团聚,可有效提升添加剂在基础油中的高温分散稳定性;另一方面,石墨烯可携带纳米粒子进入到接触区并在摩擦界面上形成稳定的复合润滑保护膜,达到协同润滑效应[53-54,118-120]。

　　本章为提升石墨烯润滑添加剂高温润滑稳定性,通过结合石墨烯和纳米粒子摩擦学优势,设计并制备了石墨烯基的复合纳米润滑添加剂。GO 在除杂质前,其表面和层间含有大量的二价锰离子。本章通过循环利用杂质锰离

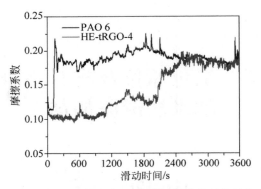

图 6.1 在高温下（125℃），HE-tRGO-4 和基础油摩擦系数随滑动时间变化图

子作为制备复合添加剂的前驱体来制备四氧化三锰/石墨烯复合纳米润滑添加剂（Mn_3O_4 Nanoparticels/Graphene Nanocomposites，$Mn_3O_4@G$），其中的 Mn_3O_4 纳米粒子不仅均匀地负载于石墨烯的表面而且成功地插层到石墨烯的碳层之间。研究发现，在极低的浓度（0.075 wt.%）下，$Mn_3O_4@G$ 润滑添加剂具有优异的摩擦学性能。尤其在高温下，该复合纳米润滑添加剂的润滑减磨效果更加突出，克服了石墨烯的高温团聚和润滑不稳定问题。

6.2　石墨烯复合纳米润滑添加剂的制备与表征

6.2.1　石墨烯复合纳米润滑添加剂的制备

GO 的制备参数及过程与前几章基本一致。不同的是，前文的 GO 均需要酸洗和水洗等步骤，为后续制备纯净的石墨烯做准备，而这里不需要对 GO 进行酸洗和水洗处理，而是直接利用 GO 中的杂质锰离子作为合成纳米粒子的前驱体，达到绿色原位合成的目的。如图 6.2 和表 6.1 所示，未清洗的 GO 含有较多杂质元素，如 S，Mn 和 K；而清洗后的 GO 杂质含量较少。未清洗的 GO 中的 Mn 含量较少（0.3 at.%）的原因是在石墨氧化成 GO 的过程中，如式（6.1）和式（6.2）所示，$KMnO_4$ 中被充分还原的 Mn^{2+} 大多数溶解在 GO 的混合溶液中，少量吸附在 GO 的表面和层间[121-124]。因此，在过滤过程中，大部分的 Mn^{2+} 容易被过滤出去。原位合成石墨烯复合纳米润滑添加剂的制备过程如图 6.3 和图 6.4 所示，这里为防止杂质 Mn^{2+} 的流失，将制备好的 GO 混合溶液直接用于下一步的纳米粒子的合成过程而不需要对 GO 进行过滤处理,即将 GO 的混合溶液进行磁力搅拌并空冷到室温,直接将高浓度的 KOH 溶液(30 wt.%)缓慢加入到 GO 混合溶液中,并调制混合液到碱性,使其 Ph 值为 13 ± 1,该过程混合溶液发生的主要反应如式(6.3)所示[125]。此时再将 GO 的强碱溶液进行过滤处理并得到黑色固体混合物。然后将该混合物放入鼓风干燥箱中升温至 170℃并保温 5 h,该过程会形成大量的 Mn_3O_4 纳米粒子,如式(6.4)所示,同时 GO 也得到了充分的还原。还原之后将混合物分散到去离子水中并进行反复清洗过滤,以除去残留的 KOH 和其他杂质。最后将清洗后的产物再次放入鼓风干燥箱中在 80℃下干燥 2 h,得到 Mn_3O_4@G 润滑添加剂。在摩擦实验之前,该 Mn_3O_4@G 通过球磨和过筛处理得到均一的片层尺寸。为了更好地进行对比研究,在同样的温度和时间下(170℃保温 5 h)直接还原制备了热还原石墨烯添加剂(thermally reduced graphene,tRGO)。

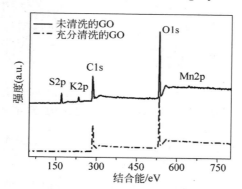

图 6.2　GO 经不同处理后的 XPS 谱图

表 6.1　GO 经不同过程处理后的 XPS 元素分析

不同处理方式的 GO	原子百分比/at. %				
	C1s	O1s	S2p	Mn2p	K2p
未清洗的 GO	50.17	40.4	8.12	0.3	1.01
充分清洗的 GO	56.34	42.5	1.15	0.01	0

$$Mn_4^- + 8H^+ + 4\left(\frac{3+y}{4-x}\right)SO_4^{2-} + 4G^- \longrightarrow 4MnO_2 + 4SO_x \uparrow + 4H_2O + 4GO_y$$

$$(6.1)$$

$$MnO_2 + 2H_2O_2 \longrightarrow Mn^{2+} + 2O_2 \uparrow + 2H_2O \qquad (6.2)$$

$$2Mn^{2+} + 2OH^- + O_2 \longrightarrow 2MnOOH \qquad (6.3)$$

$$12MnOOH \xrightarrow{\triangle} 4Mn_3O_4 + 6H_2O + O_2 \uparrow \qquad (6.4)$$

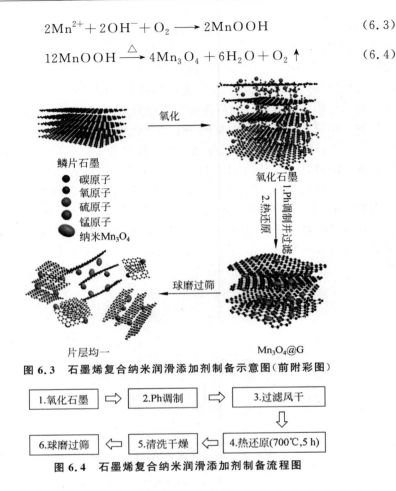

图 6.3　石墨烯复合纳米润滑添加剂制备示意图（前附彩图）

1.氧化石墨 ⟹ 2.Ph调制 ⟹ 3.过滤风干

6.球磨过筛 ⟸ 5.清洗干燥 ⟸ 4.热还原(700℃,5 h)

图 6.4　石墨烯复合纳米润滑添加剂制备流程图

6.2.2　石墨烯复合纳米润滑添加剂的表征

由图 6.5(a)和(b)所示,Mn_3O_4@G 具有均一的二维尺寸,其主要集中于 $1\sim2~\mu m$。另外,还原之后的石墨烯表面缺陷较少,保持着规整的二维片层结构。然而,tRGO 表面产生了大量的褶皱和空洞等结构缺陷,如图 6.6(a)所示。这是因为在直接热还原过程,GO 释放的大量的水蒸气和 CO_2 高压气体使石墨烯的微观结构遭到破坏。而 Mn_3O_4@G 在还原过程中,一方面,产生的水蒸气和 CO_2 可被 KOH 固体充分地吸收；另一方面,GO 表面被 KOH 充分包裹,可有效抑制高压气体对其结构造成的破坏。由 TEM 图像可得,Mn_3O_4 纳米粒子均匀地负载于石墨烯的表面上,如图 6.5(c)所

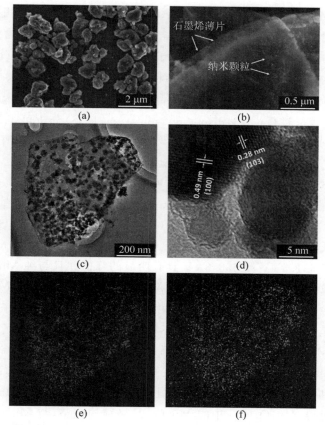

图 6.5　Mn₃O₄@G 的 SEM,TEM 和 EDS 图像(前附彩图)

Mn₃O₄ 的 SEM 图像:(a) 低倍放大图,(b) 高倍放大图;

Mn₃O₄ 的 TEM 图像:(c) 低倍放大图,(d) 高倍放大图,

(e) Mn 的 EDS 图像,(f) O 的 EDS 图像

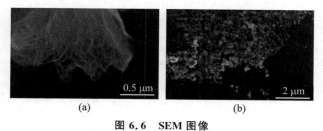

图 6.6　SEM 图像

(a) tRGO;(b) 纯 Mn₃O₄ 纳米粒子

示。而纯 Mn_3O_4 纳米粒子(合肥量子源纳米科技股份有限公司)的 SEM 图像可观测到明显的团聚现象,如图 6.6(b)所示。由此说明,通过石墨烯表面负载纳米粒子可有效抑制纳米粒子相互吸引和团聚。另外,石墨烯表面的 Mn_3O_4 纳米粒子具有良好的微晶结构,晶格间距 0.49 nm 和 0.28 nm 分别对应着 Mn_3O_4 上的(101)和(103)晶面[126],如图 6.5(d)所示。通过对 Mn 和 O 元素能谱(energy dispersive spectrum,EDS)分析可得,Mn 和 O 元素均匀地富集在石墨烯的表面,进一步说明通过原位合成的纳米粒子均匀地负载于石墨烯的表面上,如图 6.5(e)和(f)所示。

　　由 XPS 元素分析可得 Mn_3O_4@G 中的氧含量为 31.98 at.%,如表 6.2 所示。C1s XPS 谱图中的 C—C/C=C 峰值明显强于其他含氧官能团的峰值,如图 6.7(a)所示。由此可得,Mn_3O_4@G 中的石墨烯得到了充分还原,大量的氧原子来源于 Mn_3O_4 纳米粒子。由 Mn2p XPS 分析可得,Mn_3O_4@G 中的 Mn 在 641.5 eV 和 653.3 eV 具有明显的峰值并且与纯 Mn_3O_4 纳米粒子的峰位保持一致,其分别对应着 Mn_3O_4 中的 $Mn2p_{3/2}$ 和 $Mn2p_{1/2}$ 轨道自旋状态[125-127],说明 Mn_3O_4@G 中合成的 Mn_3O_4 纳米粒子的化学结构与纯 Mn_3O_4 一样。因此,通过循环利用 GO 中的杂质锰离子可以实现原位合成 Mn_3O_4@G 复合纳米润滑添加剂。通过将 Mn_3O_4@G 与 tRGO 的 XRD 谱图对比分析,Mn_3O_4@G 在 $2\theta=24°$ 附近的峰位与 tRGO 的峰位一致,其对应着石墨烯(002)晶面,如图 6.7(c)所示。通过与 Mn_3O_4 峰位进行对比可得,Mn_3O_4@G 中的 Mn_3O_4 晶格结构完整,与 Mn_3O_4 峰位基本吻合,例如在 $18.0°,28.9°,32.3°,36.1°,44.4°,50.7°,59.8°$ 分别对应着 Mn_3O_4 中的(101),(112),(103),(211),(220),(105),(224)晶面[126, 128]。Mn_3O_4@G 的结晶纯度比 Mn_3O_4 更高,因为 Mn_3O_4 中具有明显的杂质峰(MnOOH)。此外,由图 6.7(d)得,Mn_3O_4@G 的拉曼光谱在 1343 cm^{-1} 和 1587 cm^{-1} 处具有显著的石墨烯特征峰 D 峰和 G 峰,并与 tRGO 的测试

表 6.2　Mn_3O_4@G 与刻蚀后的 Mn_3O_4@G 的 XPS 元素分析

	原子百分比/at.%				
	C1s	O1s	S2p	Mn2p	K2p
Mn_3O_4@G	56.78	31.98	0.17	10.92	0.15
刻蚀后的 Mn_3O_4@G	80.30	19.18	0.12	0.27	0.13

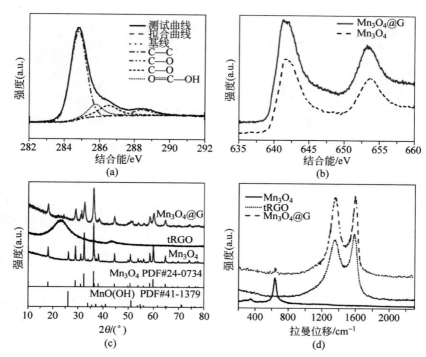

图 6.7　Mn₃O₄@G 的 XPS、XRD 和拉曼谱图（前附彩图）

（a）Mn₃O₄@G 的 C1s XPS 谱图；（b）Mn2p XPS 谱图；（c）XRD 谱图；（d）拉曼光谱图

结果一致。在 $647.1\ \mathrm{cm^{-1}}$ 处，纯 Mn_3O_4 纳米粒子和 $Mn_3O_4@G$ 同样具有明显的拉曼峰值，其对应着 Mn—O 结合键[126]。因此，拉曼光谱的测试结果与以上分析结果一致，说明 Mn_3O_4 纳米粒子被成功地负载到石墨烯的表面，并且 $Mn_3O_4@G$ 制备的质量和纯度均较高。

Mn_3O_4 纳米粒子不仅负载到石墨烯的表面，而且充分地插层到了石墨烯的层间。但是测试和分析纳米粒子插层到石墨烯的层间比较困难，这里为表征纳米粒子插层到石墨烯的层间，首先刻蚀掉 $Mn_3O_4@G$ 上面的 Mn_3O_4 纳米粒子，进而根据刻蚀后的 $Mn_3O_4@G$（Etched $Mn_3O_4@G$）空隙结构分析 $Mn_3O_4@G$ 中的纳米粒子在石墨烯的插层情况。为了得到刻蚀后的 $Mn_3O_4@G$，这里主要利用浓盐酸将 $Mn_3O_4@G$ 上面的 Mn_3O_4 纳米粒子刻蚀掉，如图 6.8 所示。

具体的操作过程如下：将 2 g $Mn_3O_4@G$ 放入 500 mL 的浓盐酸溶液，

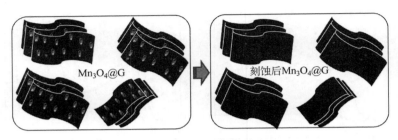

图 6.8　Mn_3O_4 @G 在刻蚀过程中的变化示意图

加热到 50℃,用玻璃棒缓慢搅拌混合酸溶液,其化学反应过程见式(6.5)。将混合酸溶液进行过滤处理,再将过滤后的石墨烯反复进行水洗至中性。最后将石墨烯放入鼓风干燥箱中,在 80℃下干燥 2 h 后即得到刻蚀后的 Mn_3O_4 @G。

$$Mn_3O_4 + 8HCl \xrightarrow{\triangle} 3Mn^{2+} + 4Cl_2 \uparrow + 4H_2O \tag{6.5}$$

由 XPS 元素分析可得,刻蚀后的 Mn_3O_4 @G 中的 Mn 原子含量相对于 Mn_3O_4 @G 基本可忽略不计,说明 Mn_3O_4 纳米粒子被完全去除,如表 6.2 所示。

如图 6.9(a)所示,Mn_3O_4 @G 的氮气吸附等温线呈现的是Ⅲ型等温线[129-131]。在低压区的吸附量较少,说明氮气分子在 Mn_3O_4 @G 上的吸附作用弱。另外,氮气脱附等温线没有出现明显的迟滞环,说明 Mn_3O_4 纳米粒子充分插层到 Mn_3O_4 @G 中的石墨烯层间,使 Mn_3O_4 @G 内部没有明显的微孔和介孔结构。当纳米粒子被去除之后,即刻蚀后的 Mn_3O_4 的氮气吸附-脱附等温线与 Mn_3O_4 @G 完全不同,如图 6.9(b)所示。刻蚀后的 Mn_3O_4 的氮气吸附等温线在低压区的吸附量显著提高,说明刻蚀后的 Mn_3O_4 内部具有明显的微孔结构。此外,刻蚀后的 Mn_3O_4 的氮气脱附等温线在中压区出现了明显的迟滞环,说明刻蚀后的 Mn_3O_4 同样具有介孔结构。由此可得,通过去除 Mn_3O_4 @G 中的 Mn_3O_4 纳米粒子,石墨烯内部出现了明显的微孔和介孔结构。由此可得,Mn_3O_4 纳米粒子确实插层到了石墨烯的层间。总之,该原位合成的 Mn_3O_4 @G 中的 Mn_3O_4 纳米粒子不仅负载到了石墨烯的表面,而且成功地插层到了石墨烯的层间。

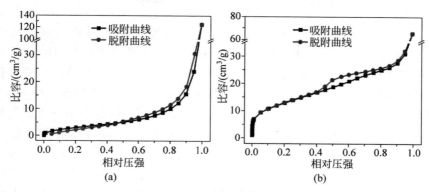

图 6.9　氮气吸附-脱附等温线

（a）$Mn_3O_4@G$；（b）刻蚀后的 $Mn_3O_4@G$

6.3　石墨烯复合纳米润滑添加剂的摩擦学性能

6.3.1　石墨烯复合纳米润滑添加剂的实验准备

摩擦实验同样在 UMT-3 往复摩擦磨损实验机上进行。摩擦配副与第 5 章使用的材料一致，均为 GGr15 轴承钢材料。为考察润滑添加剂的高温润滑性能，该部分的摩擦实验选取了不同的摩擦温度，具体的参数如表 6.3 所示。这里采用了三种对比润滑添加剂，其中两种是 6.2 节分析讨论过的 tRGO 和纯 Mn_3O_4 纳米粒子。由于 $Mn_3O_4@G$ 具有复合润滑效应，将 tRGO 和 Mn_3O_4 复配成混合添加剂作为另外一种对比润滑添加剂，下文简称为"混合剂"。以上各种润滑添加剂的分散过程主要采用相同的物理分散过程，与前几章的实验准备过程完全一样。

表 6.3　摩擦实验参数

实验条件	参 数 范 围	实验条件	参 数 范 围
基础油	PAO6	滑动频率	0.4 Hz(2.4 mm/s)
实验温度	25～150℃	滑动时间	40 min
摩擦载荷	2 N(1 GPa)		

6.3.2　石墨烯复合纳米润滑添加剂的润滑性能

本节首先研究了 $Mn_3O_4@G$ 润滑添加剂在常温下（25℃）的润滑性能。

如图 6.10 所示，Mn_3O_4@G 润滑添加剂具有优异的润滑性能。在极低的浓度（0.075 wt.%）下，Mn_3O_4@G 润滑添加剂的摩擦系数能够稳定在 0.074。tRGO 润滑添加剂相对于其他的对比润滑添加剂（Mn_3O_4 纳米粒子和混合剂）具有较明显的润滑性能，尤其在前 20 min 的摩擦过程中具有明显的润滑效果，但之后 tRGO 的摩擦系数逐渐上升。虽然 Mn_3O_4 纳米润滑添加剂的润滑性能相对于其他润滑添加剂较差，但和基础油相比仍具有较明显的润滑效果。以上对比润滑添加剂将基础油的摩擦系数降低了22%，而 Mn_3O_4@G 润滑添加剂将基础油的摩擦系数降低了63%。虽然 Mn_3O_4@G 和混合剂的化学成分一样，但 Mn_3O_4@G 的润滑性能明显优于混合剂。由此说明，通过原位合成的石墨烯与 Mn_3O_4 复合纳米润滑添加剂具有明显的协同润滑作用，而采用直接机械混合形成的混合剂并不能产生有效的协同润滑作用。

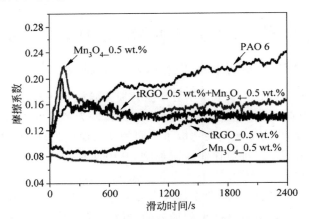

图 6.10　润滑添加剂的摩擦系数随滑动时间变化图（25℃）

通常情况下，当浓度过高时，润滑添加剂容易产生团聚而导致润滑性能降低。例如，当 tRGO 润滑添加剂的浓度为 0.5 wt.% 时，润滑性能较明显，而当浓度增大到 1.0 wt.% 时，其摩擦系数明显升高。而对于 Mn_3O_4 纳米粒子，在不同的浓度下其润滑性能均较差，如图 6.11 所示。尤其当浓度过高时，团聚更加严重，使摩擦系数增大甚至超过基础油的摩擦系数。而当添加浓度为 0.05 wt.% 的 Mn_3O_4@G 时，摩擦系数可快速降低到 0.12。当其浓度继续增大到 0.075 wt.% 时，Mn_3O_4@G 润滑添加剂的润滑性能最突出，如图 6.11 插图所示。当浓度更高时（≥0.1 wt.%），Mn_3O_4@G 润滑添加剂的摩擦系数基本保持不变。因此，Mn_3O_4@G 润滑添加剂在较宽的浓度范围内均具有优异的润滑性能。总之,在常温下,Mn_3O_4@G 润滑添加剂可显著提升基础油的润滑性能。

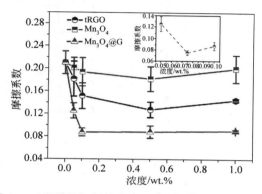

图 6.11　润滑添加剂的摩擦系数随浓度变化图(25℃)

润滑油的高温润滑稳定性对其实际应用具有重要的意义。因此,下面主要研究 Mn_3O_4@G 在高温下的润滑性能。如图 6.12 所示,当摩擦温度从 25℃提升到 150℃时,基础油的摩擦系数基本在 0.2~0.24 波动,但随温度升高,其摩擦系数的波动误差明显增大。tRGO 润滑添加剂虽然在高温下具有一定的润滑效果,但随着温度的升高,其摩擦系数逐渐增大,当温度超过 125℃时,其摩擦系数增大到 0.16 以上。而 Mn_3O_4@G 的添加可显著地提升基础油的高温润滑性能。如图 6.12 所示,随着摩擦温度的提升,Mn_3O_4@G 润滑添加剂的摩擦系数不仅没有上升,反而明显下降,说明温度升高可有效地提升 Mn_3O_4@G 的润滑性能。另外,高温下的 Mn_3O_4@G 润滑稳定性也更加突出,波动误差明显小于基础油和 tRGO 润滑添加剂。Mn_3O_4@G 润滑添加剂在高温 150℃时相对于常温下的摩擦系数降低了 33%。

为进一步分析高温下 Mn_3O_4@G 的润滑性能,这里选取 125℃下的润滑添加剂的摩擦系数进行对比研究,如图 6.13 所示。高温下基础油的润滑性能不稳定,滑动初期的摩擦系数波动剧烈,而稳定的摩擦系数达到 0.2 以上。相对于常温润滑性能(图 6.10),高温下不同的润滑添加剂的摩擦系数变化差异巨大。tRGO 润滑添加剂的摩擦系数最不稳定,其随滑动时间增大而逐渐增大。在滑动 40 min 后,其摩擦系数基本与基础油一致,说明此时 tRGO 润滑添加剂已经发生了润滑失效现象。这是由于 tRGO 润滑添加剂的结构缺陷严重,在高温下更容易产生团聚并沉积在摩擦接触区边缘

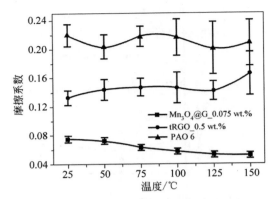

图 6.12　润滑添加剂的摩擦系数随摩擦温度的变化图

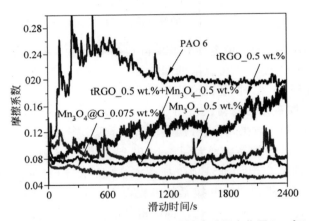

图 6.13　润滑添加剂的摩擦系数随滑动时间变化图(125℃)

进而降低了润滑性能。相对于 tRGO,Mn_3O_4 纳米润滑添加剂和混合剂具有明显的润滑性能,在整个滑动过程中,该两种润滑添加剂的摩擦系数基本在 $0.09\sim0.1$ 波动。以上两种含纳米粒子的润滑添加剂在高温下的润滑性能优于常温,这可能与 Mn_3O_4 纳米粒子的表面活性有关,即高温可促进 Mn_3O_4 纳米粒子的表面吸附活性而更容易在摩擦界面形成吸附保护膜。但是相对于 Mn_3O_4@G 润滑添加剂,以上含有纳米粒子的润滑添加剂的摩擦系数大且波动剧烈。Mn_3O_4@G 润滑添加剂的摩擦系数低至 0.05,并且在整个摩擦过程中一直保持着优异的润滑稳定性。相对于混合剂,Mn_3O_4@G 润滑添加剂将摩擦系数降低了 44%;相对于基础油,Mn_3O_4@G 润滑添加剂将摩擦系数降低了 75%。如图 6.14 所示,高温下的 Mn_3O_4@G 的润滑性能随浓度变化趋势与常温下的一致,同样在较宽的浓度范围内均具有良好的润滑性能,其最优浓度低至 0.075 wt.%。其他对比润滑添加剂在浓度为 0.5 wt.%时才具有较明显的润滑性能,但平均摩擦系数基本都高于 0.1。尤其是 tRGO 润滑添加剂,当浓度进一步增大(≥0.5 wt.%)时,其摩擦系数显著增大。

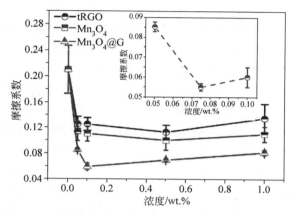

图 6.14　润滑添加剂的摩擦系数随浓度变化图(125℃)

6.3.3　石墨烯复合纳米润滑添加剂的减磨性能

在摩擦实验后,对以上多种润滑添加剂润滑表面的磨痕横截面轮廓进行测试,如图 6.15 所示。在常温下,不同的润滑添加剂的减磨性能差异明显。虽然 tRGO、Mn_3O_4 纳米润滑添加剂和混合剂具有一定的润滑作用(图 6.9),但其减磨效果明显低于基础油,如图 6.15(a)所示。tRGO 润滑添加剂的减磨效果较差,磨痕表面的粗糙度明显增大,与基础油的磨痕类似。而当加入 Mn_3O_4 纳米粒子后,包括 Mn_3O_4 纳米润滑添加剂和混合剂的磨痕表面均产生了严重的磨损,其磨损体积明显大于基础油和 tRGO 润滑表面的磨损体积。然而,Mn_3O_4@G 润滑添加剂具有优异的减磨效果,相对于基础油和其他润滑添加剂,可有效地降低磨痕宽度和磨痕深度。Mn_3O_4@G 润滑添加剂的磨痕表面粗糙度基本与钢基体一样,即实现了零磨损的减磨效果。由此可见,常温下 Mn_3O_4@G 润滑添加剂达到了 HE-tRGO-4 的减磨性能(图 5.12)。摩擦温度对润滑添加剂的减磨性能产生了显著的影响,如图 6.15(b)所示。高温下基础油的减磨性能最差,其磨痕表面粗糙度明显增大,说明在摩擦过程中上下摩擦配副的粗糙峰直接接触且有相对滑动,在摩擦界面造成了严重的磨痕。虽然 tRGO,Mn_3O_4 纳米润滑添加剂和混合剂高温润滑不稳定(图 6.13),但其具有明显的减磨效果。虽然高温下 Mn_3O_4 纳米粒子的表面活性较高易产生团聚问题,但与摩擦表面的吸附成膜性能同样得到了提升,进而减少了摩擦副粗糙峰的直接接触,使磨痕表面平整和光滑。相对于以上的润滑添加剂,Mn_3O_4@G 润滑添加剂的高温减磨性能更加突出。所以无论在低温还是高温下,Mn_3O_4@G 润滑添加剂均具有优异的减磨性能,实现了摩擦表面零磨损效果,极大地提升了基础油的摩擦学性能。此外,摩擦温度可显著提升 Mn_3O_4 纳米粒子的润滑减磨性能。因为在低温下,Mn_3O_4 纳米润滑添加剂和混合剂润滑的不稳定造成了严重的磨损,而在高温下 Mn_3O_4 纳米粒子的表面吸附性能更强,提升了 Mn_3O_4 纳米润滑添加剂和混合剂在摩擦界面的成膜稳定性,进而提升了其润滑减磨性能,所以 Mn_3O_4 纳米粒子对 Mn_3O_4@G 高温润滑稳定性起到了重要作用。

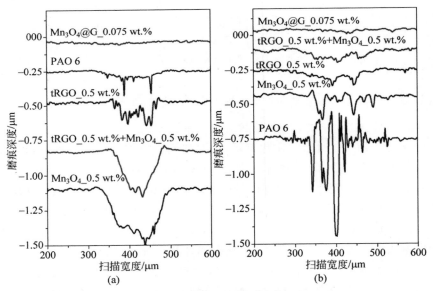

图 6.15　不同润滑条件下的磨痕轮廓横截面

(a) 25℃;(b) 125℃

下面对润滑添加剂的磨痕宽度和磨痕深度进行统计分析,如图 6.16 所示。在磨痕宽度方面,tRGO 和 Mn_3O_4 纳米润滑添加剂与基础油润滑表面的磨痕宽度一致,基本在 $170\sim200\ \mu m$,而混合剂的磨痕宽度小于 $150\ \mu m$。

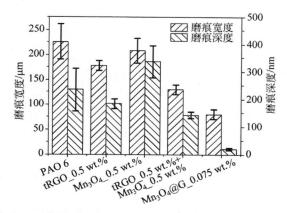

图 6.16 不同润滑条件下的磨痕宽度和深度统计图(25℃)

$Mn_3O_4@G$ 润滑添加剂的磨痕宽度最小,将基础油的磨痕宽度降低了 65%。在磨痕深度方面,虽然混合剂的摩擦表面具有较小的磨痕宽度,但其磨痕深度基本与基础油和 tRGO 润滑添加剂的磨痕深度一样。相对于基础油和其他添加剂,Mn_3O_4 纳米润滑添加剂润滑表面的磨痕深度最深。而 $Mn_3O_4@G$ 润滑添加剂相对于基础油将磨痕深度降低了 80%。在高温下,基础油的润滑表面产生了更加严重的磨损,如图 6.17 所示。虽然基础油高温下的磨痕宽度与低温下的基本一致,但其最大磨痕深度由 227 nm 增大到 680 nm。润滑添加剂在高温下相对于低温下具有明显的减磨效果。例如,tRGO,Mn_3O_4 纳米润滑添加剂和混合剂均可将基础油的磨痕宽度降低

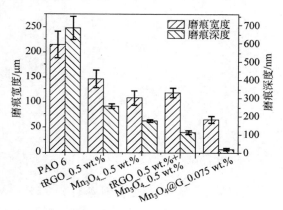

图 6.17 不同润滑条件下的磨痕宽度和深度统计图(125℃)

到 150 μm 以下。相对于 tRGO 和 Mn_3O_4 润滑添加剂,混合剂的高温减磨性能更加突出。而 Mn_3O_4@G 润滑添加剂减磨性能最为优异,相对于基础油和混合剂,其将磨痕宽度分别降低了 62% 和 37%,并且将磨痕深度分别降低了 96% 和 80%。

因此,Mn_3O_4@G 润滑添加剂无论在低温下还是高温下都具有优异的润滑减磨性能。相对于其他润滑添加剂,Mn_3O_4@G 润滑添加剂的摩擦表面非常光滑,磨痕粗糙度基本与钢基体一样。因此,Mn_3O_4@G 润滑添加剂可实现摩擦表面零磨损的减磨效果。

相对于 tRGO 和 Mn_3O_4 纳米润滑添加剂,混合剂的高温减磨性能更加突出。因此,下面主要对 Mn_3O_4@G、混合剂和基础油润滑表面的磨痕形貌进行对比分析,如图 6.18 所示。高温下基础油润滑的表面产生了严重的磨损,磨痕上出现了明显的犁沟效应和塑形变形。在摩擦过程中产生的大量铁质磨屑沉积在摩擦界面上进一步划伤了摩擦表面。混合剂的添加可明显改善磨损程度。虽然混合剂润滑的表面没有严重的塑形变形,但仍然

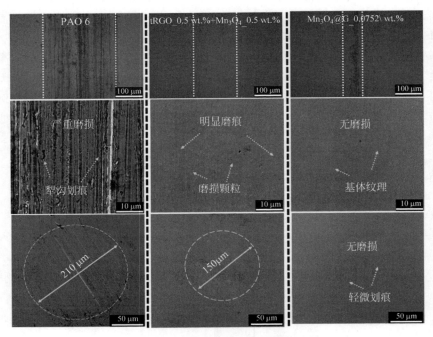

图 6.18　不同润滑条件下的磨痕形貌图

产生了明显的磨痕和磨损颗粒。相对于基础油和混合剂，Mn_3O_4@G 润滑添加剂使磨痕宽度大幅减小，并且在摩擦表面上形成了一层棕黄色的吸附保护膜。Mn_3O_4@G 润滑添加剂润滑表面上仅有较微弱的基体纹理和表面粗糙峰，而几乎没有任何磨痕。另外，通过钢球磨斑的微区形貌分析可得，基础油润滑的表面产生了较大的磨斑。虽然混合剂的添加可将基础油的磨斑直径从 210 μm 降低到 110 μm，但混合剂的磨斑上仍具有较明显的磨痕。而使用 Mn_3O_4@G 润滑的表面只在摩擦接触区边缘产生了轻微磨痕，在磨痕区内同样未见任何的磨痕和磨损颗粒。

进一步分析 Mn_3O_4@G 润滑添加剂的减磨性能，下面对不同润滑条件下的磨痕处进行 XPS 分析。如图 6.19 所示，基础油润滑表面产生了明显的 C1s 和 O1s 峰位。在高温润滑作用下，基础油润滑表面容易积碳和污染，使磨痕处产生较多的碳元素。而对于混合剂和 Mn_3O_4@G 润滑添加剂，磨痕处的 XPS 全谱中除了有 C1s 和 O1s 峰位外，还有明显的 Mn2p 峰位。如表 6.4 所示，混合剂和 Mn_3O_4@G 润滑磨痕处的锰含量分别为 7.26 at.%和 5.90 at.%。因此，高温下的 Mn_3O_4 纳米粒子可在摩擦界面形成吸附保护膜，进而促进润滑添加剂包括 Mn_3O_4 纳米润滑添加剂和混合剂在高温下的润滑减磨性能。另外，基础油润滑的磨痕处的氧化程度较高，氧含量高达 37.72 at.%，而混合剂和 Mn_3O_4@G 润滑添加剂可明显地降低磨痕处的氧含量。以上两种添加剂均含有石墨烯成分，说明石墨烯具有优异的抗氧化腐蚀性能。尤其是 Mn_3O_4@G 润滑添加剂可将磨痕处的氧含量降低了 28.50%。通过对磨痕处的 O1s 分析可得，高温下基础油润滑的磨痕处 O1s 的各峰位分别对应着 Fe—O—H（530.2 eV）和 Fe—O（531.8 eV）[132-134]，说明摩擦过程中的钢基体发生了氧化反应。而 Mn_3O_4@G 润滑添加剂的摩擦表面 O1s 出现了更多的 XPS 拟合峰位，其分别对应着 Fe—O—H（530.2 eV），Mn—O（530.1 eV），C＝O（531.3 eV），O—C＝O（532.2 eV），C—O（533.1 eV），Fe—O（531.8 eV）[135-138]。由此可得，虽然 Mn_3O_4@G 润滑添加剂的磨痕处的氧含量较明显，如图 6.20 和表 6.4 所示，但其中大部分来源于 Mn_3O_4 纳米粒子（Mn—O）和石墨烯（C＝O，O—C＝O 和 C—O）。因此，可进一步说明 Mn_3O_4@G 具有优异的抗氧化腐蚀性能。

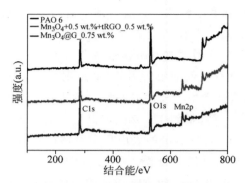

图 6.19　不同润滑条件下的磨痕处 XPS 全谱图（前附彩图）

表 6.4　不同润滑条件下的磨痕处的 XPS 元素分析（125℃）

润 滑 条 件	原子百分比/at. %				
	C1s	O1s	S2p	Mn2p	Fe2p3
基础油	54.89	37.72	0.10	0.06	7.23
$Mn_3O_4@G\_0.075$ wt. %	64.38	28.50	0.08	5.90	1.14
$Mn_3O_4\_0.5$ wt. %+tRGO_0.5 wt. %	52.81	34.39	0.44	7.26	5.10

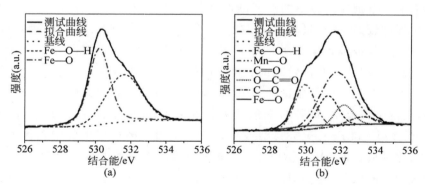

图 6.20　磨痕处的 O1s XPS 谱图（125℃）（前附彩图）

（a）基础油；（b）$Mn_3O_4@G\_0.075$ wt. %

6.4　本 章 小 结

　　为提升石墨烯润滑添加剂的高温润滑稳定性，本章通过结合石墨烯和纳米粒子的摩擦学优点，提出了绿色原位合成石墨烯复合纳米润滑添加剂的调控方法。巧妙地利用了石墨烯制备过程中产生的杂质锰离子作为制备复合纳米润滑添加剂的前驱体。

Mn_3O_4@G 中的石墨烯保持着规整的二维层状结构,而其中的 Mn_3O_4 纳米粒子不仅均匀分布在石墨烯的表面,而且成功地插层到了石墨烯的层间。研究发现,无论在低温还是高温下,Mn_3O_4@G 润滑添加剂相对于基础油和其他对比润滑添加剂可在极低的浓度下(0.075 wt.％)下实现优异的润滑减磨性能和抗氧化腐蚀性能。在常温下(25℃),Mn_3O_4@G 将摩擦系数和磨痕深度分别降低了 63％ 和 80％;在高温下(125℃),Mn_3O_4@G 将摩擦系数和磨痕深度分别降低了 75％ 和 96％。

第7章 石墨烯润滑添加剂微观结构
演变机制及润滑机理

7.1 引　　言

　　石墨烯优异的润滑减磨性能主要在于其能够在摩擦界面形成稳定的边界吸附膜,避免摩擦副之间的直接接触。另外,基于其弱的层间范德华力,石墨烯在界面容易实现层间滑移作用。因此,石墨烯的微观结构直接影响了其摩擦学性能。例如,第3章研究发现,相对于表面出现明显结构缺陷的石墨烯,具有规整的二维层状结构的石墨烯润滑添加剂的摩擦学性能更加优异。第4章和第5章也得出,层间剥离程度高的石墨烯相对于剥离程度低的石墨烯具有更加突出的润滑和分散稳定性能;石墨烯的微观结构在摩擦过程中的变化同样会影响其摩擦学性能。通过拉曼光谱研究发现,石墨烯的微观结构在摩擦过程中被破坏,并产生缺陷、向无序化方向转变[8,29,139],使其润滑减磨性能降低。同样地,第2章和第3章研究的工业石墨烯和SA-tRGO润滑添加剂在润滑表面上均产生了明显的结构缺陷。然而,第5章研究的高度剥离态石墨烯HE-tRGO-4,其微观结构在摩擦过程中能够向着有序化方向转变并可显著地提升润滑减磨性能。总之,石墨烯的剥离状态对其微观结构的演变和摩擦学性能具有重要的影响,其微观结构演变规律仍待深入研究。此外,第6章研究的石墨烯复合纳米润滑添加剂(Mn_3O_4@G)具有特殊的微观结构,即Mn_3O_4纳米粒子不仅均匀地负载于石墨烯表面而且充分地插层到石墨烯的层间。既然Mn_3O_4@G润滑添加剂具有优异的高温润滑稳定性,那么Mn_3O_4纳米粒子和石墨烯在Mn_3O_4@G中的润滑效应是怎样的、Mn_3O_4@G润滑添加剂的协同润滑作用是怎样实现的等问题值得深入探究。石墨烯润滑机理的研究不仅对其微观结构调控和制备工艺具有重要的指导意义,而且对其他纳米润滑添加剂润滑减磨机理的研究具有重要的理论意义。

　　因此,本章首先深入研究了不同剥离程度的石墨烯润滑添加剂的微观结构演变机制,建立了摩擦诱导下的石墨烯微观结构演变规律与摩擦学性能之间的关系,得到了石墨烯微观结构演变的物理模型。其次,在充分讨论石墨烯复合纳米润滑添加剂中的 Mn_3O_4 纳米粒子和石墨烯的润滑效应的基础上,揭示了 Mn_3O_4 纳米粒子和石墨烯的协同润滑机理。最后,同样提出了石墨烯复合纳米润滑添加剂的协同润滑模型。

7.2　石墨烯润滑添加剂的微观结构演变机制

7.2.1　石墨烯润滑添加剂的表征

本节选用三种具有不同剥离程度的石墨烯作为研究对象。如图 7.1(a),(b)和(c)所示的石墨烯剥离程度依次降低,分别命名为 HE-G(highly exfoliated graphene)、ME-G(moderately exfoliated graphene)和 LE-G(lowly exfoliated graphene)由 SEM 图像可得,三种石墨烯的二维形貌均较规整,二维尺寸均分布在 1~2 μm,但剥离程度差异较大。由图 7.2 分析可得,HE-G 碳层之间的堆叠现象不明显,剥离程度较高。而 ME-G 具有较明显的晶格条纹,说明其层间剥离程度相对于 HE-G 较低。LE-G 保持着高度有序的碳层结构,其剥离程度最小。

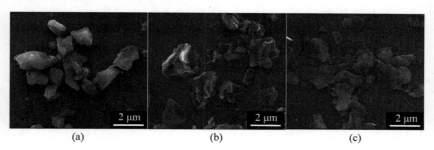

图 7.1　石墨烯润滑添加剂的 SEM 图像
(a) HE-G; (b) ME-G; (c) LE-G

石墨烯的剥离程度主要体现在比表面积和层间距。通过分析可得,HE-G 的比表面积是 873.36 m^2/g,而 ME-G 和 LE-G 的比表面积分别为 383.74 m^2/g 和 36.55 m^2/g,如图 7.3(a)所示。因为单层石墨烯的理论比表面积为 2630 m^2/g[115],所以 HE-G 和 ME-G 的层数分别为 3 层和 7 层,而 LE-G 的层数相对较大,如图 7.2(c)所示。此外,石墨烯层间距随着剥离程度的提升而增大,如图 7.3(b)所示,XRD 谱图中的 HE-G,ME-G 和

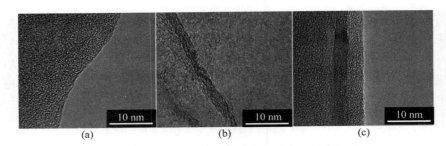

图 7.2　石墨烯润滑添加剂的 TEM 图像

(a) HE-G；(b) ME-G；(c) LE-G

LE-G 的(002)晶面角 2θ 分别为 $23.08°,25.82°$ 和 $26.64°$。由布拉格衍射公式(3.1)计算可得,以上三种石墨烯的层间距分别为 3.85 Å, 3.45 Å 和 3.35 Å。综上,HE-G 具有最大的比表面积和层间距,其剥离程度最高,而 ME-G 和 LE-G 的剥离程度依次降低。此外,通过 XPS 元素分析,三种石墨烯中的 S 和 Mn 等杂质元素含量较少,仅有近 $6\sim10$ at. %的氧原子,如表 7.1 所示。因此,以上三种石墨烯除了剥离程度明显不同外,其二维形貌尺寸和化学成分均较一致。

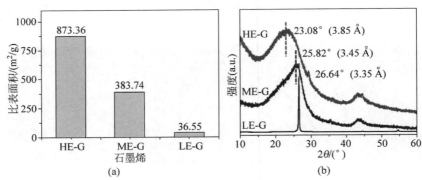

图 7.3　石墨烯润滑添加剂的比表面积图和 XRD 谱图

(a) 比表面积图；(b) XRD 谱图

表 7.1　石墨烯润滑添加剂的 XPS 元素分析

	原子百分比/at. %			
	C1s	O1s	S2p	Mn2p
HE-G	91.16	8.65	0.13	0.06
ME-G	90.10	9.74	0.15	0.01
LE-G	93.89	5.92	0.11	0.08

7.2.2　石墨烯润滑添加剂的摩擦学性能

本节的摩擦实验参数和设备以及石墨烯添加剂的分散过程与第 4 章、第 5 章实验准备过程一致。由图 7.4(a)所示,在三种石墨烯当中,HE-G 润滑添加剂的润滑性能最好,其摩擦系数低至 0.08。相对于基础油,HE-G 润滑添加剂将摩擦系数降低了 50%。虽然相对于 HE-G 润滑添加剂,ME-G 的摩擦系数较高且不稳定,但 ME-G 润滑添加剂相对于基础油和 LE-G 具有较好的润滑效果。而 LE-G 润滑添加剂的润滑性能最差,其摩擦系数基本与基础油一致。HE-G 润滑添加剂的最佳润滑浓度为 0.5 wt.%,当浓度进一步增大时,HE-G 润滑添加剂依然具有明显的润滑效果,其摩擦系数均小于 0.1,说明 HE-G 润滑添加剂在较宽的浓度范围内均具有稳定的润滑性能,如图 7.4(b)。在不同浓度下,ME-G 润滑添加剂的摩擦系数均低于 LE-G。不过 ME-G 和 LE-G 润滑添加剂仅在 0.5 wt.%时具有较明显的润滑性能,随着浓度进一步增大,其润滑性能均变差。由此可得,剥离程度越高的石墨烯,其润滑性能越突出。

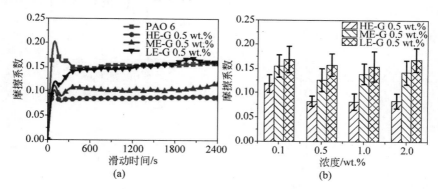

图 7.4　石墨烯润滑添加剂的摩擦学性能

载荷 2 N,速度 2.4 mm/s,时间 40 min,温度 25℃

(a)摩擦系数随滑动时间变化图;(b)摩擦系数随浓度变化图

为分析石墨烯的减磨性能,对磨痕表面的形貌和横截面进行测试分析,如图 7.5 所示。HE-G 润滑添加剂润滑表面上的磨痕最轻微,即其减磨性能最优异。ME-G 润滑添加剂润滑表面上的磨痕粗糙度明显增大,但相对于基础油和 LE-G,ME-G 的减磨效果较明显。LE-G 润滑添加剂润滑表面的磨痕处产生了明显的磨痕,并造成了严重磨损,因此 LE-G 的润滑减磨性能最差。总之,尽管以上石墨烯具有一致的分散状态、层状结构和二维尺寸

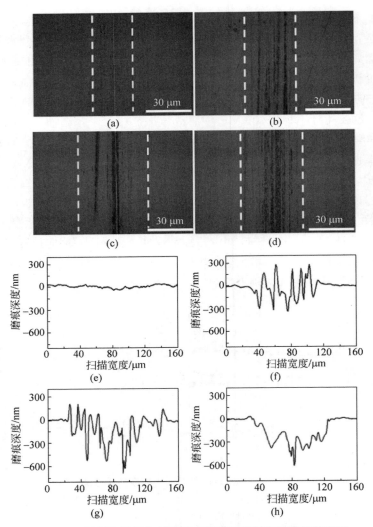

图 7.5　石墨烯润滑添加剂的磨痕光学形貌图和磨痕横截面图

载荷 2 N,速度 2.4 mm/s,时间 40 min,温度 25℃;

(a) HE-G 0.5 wt.％磨痕光学形貌图;(b) ME-G 0.5 wt.％磨痕光学形貌图;
(c) LE-G 0.5 wt.％磨痕光学形貌图;(d) PAO6 磨痕光学形貌图;
(e) HE-G 0.5 wt.％磨痕横截面图;(f) ME-G 0.5 wt.％磨痕横截面图;
(g) LE-G 0.5 wt.％磨痕横截面图;(h) PAO6 磨痕横截面图

以及类似的化学成分,但是其摩擦学性能差异巨大。那么,不同剥离状态的石墨烯的微观结构在摩擦过程中是怎样演变的,其演变过程与摩擦学性能的对应关系是什么? 这些问题对揭示石墨烯的润滑机理及阐明具有高效润滑减磨性能的石墨烯润滑添加剂的微观结构特性具有重要意义,我们将在7.2.3 节深入讨论。

7.2.3　磨痕和磨屑分析

　　首先对摩擦之后的钢球磨斑内外分别进行拉曼测试和分析。磨斑外的石墨烯拉曼光谱代表着石墨烯润滑添加剂没有被摩擦的结构状态,而磨斑内的信号则意味着石墨烯在摩擦诱导下微观结构转变之后的状态。对以上拉曼光谱进行统一的拉基线处理之后,得到图 7.6(a),(b)和(c)曲线。

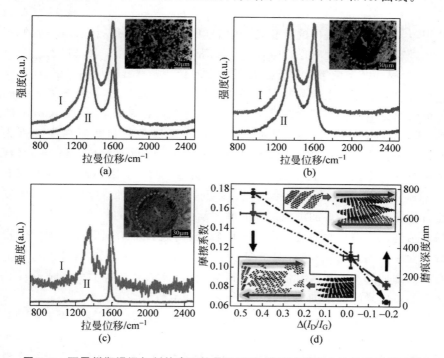

图 7.6　石墨烯润滑添加剂的磨斑拉曼光谱图,插图为磨斑上的拉曼测试区域
载荷 2 N,速度 2.4 mm/s,时间 40 min,温度 25℃
(a) HE-G 0.5 wt.%; (b) ME-G 0.5 wt.%; (c) LE-G 0.5 wt.%;
(d) 石墨烯润滑添加剂微观结构演变规律与摩擦学性能的对应关系,插图为石墨烯结构转变示意图

在如图 7.6(a)所示的 HE-G 润滑添加剂的拉曼光谱图中,磨痕内的 D 峰明显低于磨痕外的 D 峰,说明该石墨烯在摩擦过程中 HE-G 微观结构向着有序化方向转变。ME-G 的拉曼光谱中的 D 峰和 G 峰在磨痕内外的峰强变化不明显。而对于 LE-G,因为磨痕内 D 峰明显强于磨痕外的 D 峰,所以在摩擦过程中其微观结构会产生缺陷并向无序化方向转变。因此,石墨烯的剥离程度直接影响了其在摩擦过程中的结构演变过程。拉曼光谱中的 G 峰是石墨烯的主要特征峰,其代表石墨烯 sp^2 杂化碳原子的面内振动模式,而 D 峰代表着石墨烯 sp^2 杂化碳原子环呼吸振动模式,表现的是碳晶格的缺陷和无序化程度,所以通常以相对强度 I_D/I_G 的比值说明石墨烯的缺陷和无序化程度。这里采用了相对强度 I_D/I_G 的变化值,即 $\Delta I_D/I_G$,来描述石墨烯在摩擦过程中的微观结构演变规律:

$$\Delta I_D/I_G = I_{DI}/I_{GI} - I_{DII}/I_{GII} \qquad (7.1)$$

式中,I_{DI}/I_{GI} 是磨斑内的拉曼光谱中 D 峰和 G 峰的比值,代表摩擦后的石墨烯微观结构的物理状态;I_{DII}/I_{GII} 为磨斑外的峰值比。当 $\Delta I_D/I_G$ 为负值时,石墨烯结构向着有序甚至石墨化方向转变;当 $\Delta I_D/I_G$ 为正值时,摩擦后的石墨烯会产生缺陷并向无序化方向变化。基于此,将石墨烯润滑添加剂的摩擦学性能和其微观结构演变过程建立起对应关系,如图 7.6(d)所示。当 $\Delta I_D/I_G = 0.45$ 时,即对应 LE-G,其摩擦系数和磨痕深度分别为 0.16 nm 和 780 nm;当 $\Delta I_D/I_G$ 值减小到 -0.02 时,即 ME-G 将摩擦系数和磨痕深度降低到 0.11 nm 和 340 nm;当 $\Delta I_D/I_G$ 值减小到 -0.18,即对应 HE-G,其摩擦系数最低且摩擦界面几乎无磨损。总之,$\Delta I_D/I_G$ 值的变化直接影响着石墨烯润滑添加剂的摩擦学性能。该值的减小意味着石墨烯微观结构在摩擦界面向着有序化方向转变,随之石墨烯润滑添加剂的润滑减磨性能得到显著地提升,例如 HE-G。因此,二维形貌规整且片层有序的石墨烯添加剂不一定具有优异的润滑性能,而能够在摩擦界面形成有序化转变的石墨烯润滑添加剂才能实现优异的润滑减磨性能。

石墨烯润滑添加剂形成的吸附保护膜的片层取向和石墨烯涂层中的晶体取向有明显的区别。石墨烯涂层中的片层方向往往平行于基体表面,进而在摩擦过程中容易形成石墨烯层间滑移作用[140-142]。然而,石墨烯润滑添加剂在摩擦界面的吸附成膜过程具有随机性。对于剥离程度较低的石墨烯如 LE-G,在摩擦过程中其高度有序的片层方向不一定会平行于摩擦界面,即不一定会形成与滑动方向一致的吸附保护膜,有时甚至会形成垂直于摩擦界面的吸附保护膜。石墨烯的边缘区域可能更容易先吸附在摩擦界面,因为其边缘区域存在大量的悬键而具有更高的活性[143-144],进而使高度有序的石墨烯润滑添加剂的摩擦行为类似于各向异性的石墨,即当石墨的片层方向与滑动方向一致时,其具有较明显的润滑减磨作用且其结构缺陷相对较小;而当石墨片层方向与滑动方向垂直时,石墨会使摩擦副的滑动受阻进而造成较大的摩擦磨损,而同时其微观结构被明显地破坏并产生了缺陷[145]。因此,剥离程度较低的石墨烯在摩擦力的作用下微观结构会产生大量缺陷并向无序化方向转变,如图 7.6(d)插图所示。

不同剥离程度的石墨烯具有不同的比表面积和层间距,而石墨烯的比表面积越大层数越小。尽管石墨烯的层数会影响其摩擦学性能,但是前人的研究发现,无论是少层还是多层的二维形貌规整的石墨烯,在摩擦过程中都会产生明显的结构缺陷和无序化转变。因此,层间距的不同对以上石墨烯的微观结构演变具有关键性的作用。因为石墨烯层间距的增大会降低层与层之间的范德华力[146-147],进而可以提升石墨烯的柔韧度,使其在摩擦界面上能够自适应地形成有序的边界吸附膜。另外,层间距的增大同样会降低石墨烯的层间滑动能垒,使石墨烯更容易实现层间滑动作用[110, 148],如图 7.6(d)插图所示。

为了深入研究石墨烯微观结构的演变机制,提取并深入分析了以上磨斑中的石墨烯磨屑。如图 7.7(a)所示,摩擦之后的 HE-G 磨屑呈现出层层堆叠的状态。与 HE-G 润滑添加剂的微观结构相比(图 7.1(a)),HE-G 的磨屑边缘和内部都产生了明显的有序的层状结构,说明高度剥离态的石墨烯在摩擦过程中确实向着有序化方向转变。进一步采用电子能量损失谱(electron-energy-loss spectroscopy,EELS)(GIF Quantum,美国)对 HE-G 磨屑进行深入分析。当高能(几千电子伏)电子束与测试样品表面相互作用时产生非弹性散射,使被测样品的原子核外的电子跃迁到能量更高的空能级上,进而产生微小的能量损失。通过对能量损失的测量获得结构的信息。对于石墨烯等碳材料,EELS 可以有效地分析出微区碳原子的价态结构。如图 7.7(b)所示,EELS 谱图出现了明显的 1s 轨道电子受激发跃迁到 π^* 和 σ^* 反键轨道特征峰。通过"双窗口"法可以算出石墨烯中的 sp^2 杂化百分比,如式(7.2)所示[149-151]:

$$\%sp^2 = [(I_{\pi^*}/I_{(\pi^*+\sigma^*)})/(I_{\pi^*}/I_{(\pi^*+\sigma^*)})_{gr}] \times 100\% \qquad (7.2)$$

式中,分子中的 I_{π^*} 是以 π^* 键峰位为中心的 5 eV 范围内的强度面积值;$I_{(\pi^*+\sigma^*)}$ 是以 σ^* 键峰位为中心的 20 eV 范围内的强度面积值;分母中的下标 gr 表示理想单晶石墨。因此，通过分别计算 HE-G 润滑添加剂和 HE-G 磨屑的 $I_{\pi^*}/(I_{\pi^*}+I_{\sigma^*})$ 比值可以得出，HE-G 在摩擦前后石墨烯中的 sp^2 含量的变化。如图 7.7(b)所示，相比于 HE-G 润滑添加剂，HE-G 磨屑当中的 π^* 键峰位显著增强。通过"双窗口"法计算可得，HE-G 润滑添加剂的 $I_{\pi^*}/(I_{\pi^*}+I_{\sigma^*})$ 值为 0.154，而 HE-G 磨屑的该比值为 0.192，说明摩擦之后的石墨烯 sp^2 含量明显增多，即高度剥离态的石墨烯在摩擦之后确实向着有序化方向转变。然而，对于剥离程度较低的 LE-G，摩擦之后的 LE-G 磨屑的内部和边缘上产生了严重的结构缺陷，如图 7.7(c)所示。

总之，石墨烯的剥离状态直接影响了石墨烯微观结构的转变过程。在摩擦力的作用下，高度剥离态的石墨烯在摩擦界面上向着有序化方向转变，进而促进了润滑减磨作用；剥离程度较低的石墨烯在界面上产生缺陷并向无序化方向转变，导致摩擦学性能较差。

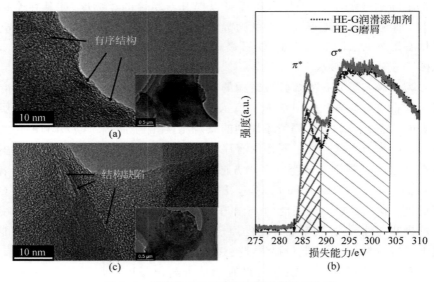

图 7.7　磨屑的 TEM 图像和电子能量损失谱

载荷 2 N，速度 2.4 mm/s，时间 40 min，温度 25℃

(a) HE-G 磨屑的 TEM 图像；(b) HE-G 润滑添加剂和磨屑的电子能量损失谱；
(c) LE-G 磨屑的 TEM 图像

7.2.4　吸附保护膜分析

采用聚焦离子束（focused ion beam，FIB）方法在钢球磨斑上提取

HE-G 润滑添加剂保护膜,进行深入分析。如图 7.8(a)所示,灰白色区域为 HE-G 吸附保护膜。石墨烯在摩擦过程中随机吸附在摩擦界面并相互堆叠,形成的吸附保护膜较厚,其厚度主要分布在 100~200 nm。进一步对靠近摩擦界面的保护膜进行 TEM 分析,如图 7.8(b)所示。吸附保护膜中存在明显的有序的碳层结构,说明该 HE-G 润滑添加剂可在摩擦界面形成有序的类层状吸附保护膜。此外,该类层状保护膜的石墨烯片层方向与摩擦界面平行,或者说与滑动方向保持一致,说明 HE-G 润滑添加剂在摩擦界面上实现了层间滑移作用。由此可得,高度剥离态石墨烯在摩擦界面向着有序甚至石墨化方向转变,并通过石墨烯的层间滑移作用实现了高效的润滑减磨作用。

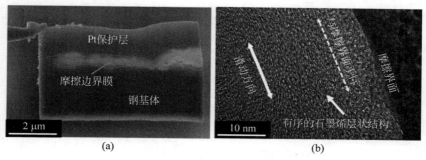

图 7.8　HE-G 吸附保护膜

载荷 2 N,速度 2.4 mm/s,时间 40 min,温度 25℃

(a) SEM 图像;(b) TEM 图像

7.2.5　微观结构演变模型

通过分析以上实验和表征可得,石墨烯润滑添加剂的剥离程度直接影响了其在摩擦过程中的微观结构演变。而不同的演变过程导致了不同的摩擦学行为。

首先,石墨烯润滑添加剂能够均匀地分散在基础油当中,如图 7.9 所示。高度剥离态的石墨烯润滑添加剂由于具有较大的比表面积,自分散性能突出,在摩擦界面通过物理吸附作用可较均匀地吸附在摩擦界面上。另外,该石墨烯的层间距较大,使层间的相互作用力变小且降低了层间滑动能垒。在载荷和剪切力的作用下,其在摩擦界面上可以自适应地层层堆叠并向着有序化方向转变,最终形成具有类层状结构的石墨烯吸附保护膜,避免了摩擦副粗糙峰的直接接触,并且通过层间滑移作用进一步提升了润滑减磨性能。而剥离程度较低的石墨烯润滑添加剂,在基础油当中同样可以吸附在摩擦界面,但是由于其高度有序并且比表面积较小,造成大量的石墨烯通过石墨烯片层的边缘吸附在摩擦接触区附近且易发生团聚。在摩擦力作用下,其会产生明显的结构缺陷并向无序化方向转变,进而对摩擦界面造成划伤。因此,并不是所有具有规整的二维层状结构的石墨烯均具有润滑减摩性能,而只有在摩擦界面有效地形成层间滑移作用的石墨烯润滑添加剂才具有优异的润滑减磨性能。

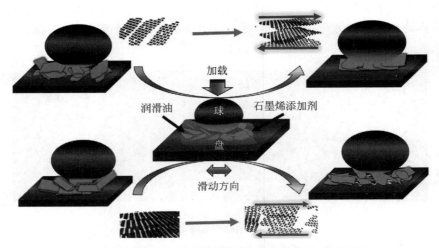

图 7.9　石墨烯润滑添加剂的微观结构演变模型(前附彩图)

7.3　石墨烯复合纳米润滑添加剂的协同润滑机理

　　石墨烯润滑添加剂的微观结构显著影响了其润滑减磨性能。Mn_3O_4@G 润滑添加剂具有特殊的微观结构:Mn_3O_4 纳米粒子不仅均匀地负载于石墨烯表面,而且充分插层到石墨烯的层间。Mn_3O_4@G 润滑添加剂具有优异的润滑减磨性能,尤其是高温润滑稳定性。那么,Mn_3O_4@G 润滑添加剂中的石墨烯和 Mn_3O_4 纳米粒子对促进高温润滑性能的各自贡献是怎样的、这两种成分如何实现协同复合润滑作用,到目前为止,石墨烯基的复合纳米润滑添加剂的润滑机理还没有被深入研究。下面将深入研究石墨烯和 Mn_3O_4 纳米粒子在 Mn_3O_4@G 中各自的润滑效应并揭示 Mn_3O_4@G 的协同润滑机理。

7.3.1　石墨烯的润滑效应

为揭示石墨烯在 $Mn_3O_4@G$ 中的润滑效应,首先需要将 $Mn_3O_4@G$ 中的 Mn_3O_4 纳米粒子完全去除掉。采用浓盐酸与 $Mn_3O_4@G$ 在加热过程中产生化学反应来去除 Mn_3O_4 纳米粒子,即可得到刻蚀后的 $Mn_3O_4@G$。如图 7.10 所示,tRGO 润滑添加剂的摩擦系数波动大且随着滑动时间逐渐增大,而刻蚀后的 $Mn_3O_4@G$ 润滑添加剂的润滑性能明显优于 tRGO。刻蚀后的 $Mn_3O_4@G$ 摩擦系数低至 0.09 且保持着较稳定的值。只有在较长的滑动时间之后才产生了润滑失效。由此可得,石墨烯对 $Mn_3O_4@G$ 的润滑减磨性能同样具有显著的促进作用。

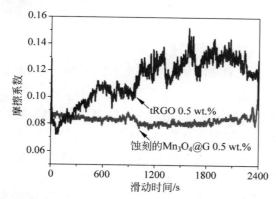

图 7.10　刻蚀后的 $Mn_3O_4@G$ 和 tRGO 润滑添加剂的摩擦系数对比图

载荷 2 N,速度 2.4 mm/s,时间 40 min,温度 125℃

一方面,$Mn_3O_4@G$ 中的石墨烯相比于 tRGO 具有规整的二维层状微观结构而更容易实现层间滑移作用(图 6.5(b)和图 6.6(a));另一方面,根据 XRD 谱图分析(图 7.11),tRGO 的(002)晶面 $2\theta = 25.16°$,而刻蚀后的 $Mn_3O_4@G$ 的(002)晶面 $2\theta = 23.45°$。进一步通过布拉格衍射公式(3.1)可得,tRGO 的层间距为 3.53 Å,而刻蚀后的 $Mn_3O_4@G$ 的层间距增大到 3.80 Å。与高度剥离态石墨烯 HE-G 类似,刻蚀后的 $Mn3O4@G$ 具有较大的层间距。由于 Mn_3O_4 纳米粒子插层到石墨烯的层间增大了石墨烯的层间距,当纳米粒子被去除后,石墨烯仍然保持着大层间距的微观结构状态。根据 7.2 节的研究可得,层间距的增大使石墨烯的层间滑移能垒更小,更容易实现层间滑移作用。因此,$Mn_3O_4@G$ 中具有规整的二维层状结构的石墨烯和易产生层间滑移作用的大层间距使 $Mn_3O_4@G$ 的润滑减磨性能得到了提升。

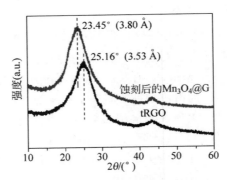

图 7.11　刻蚀后的 Mn_3O_4@G 和 tRGO 的 XRD 谱图

7.3.2　纳米粒子的润滑效应

　　Mn_3O_4@G 纳米粒子在该石墨烯复合纳米润滑添加剂中的润滑效应主要有以下几个方面。

　　首先，负载于石墨烯表面上的 Mn_3O_4 纳米粒子能够促进 Mn_3O_4@G 的高温成膜稳定性。因为在对第 6 章的摩擦表面进行充分清洗后发现，无论是在低温还是在高温摩擦作用下，Mn_3O_4@G 润滑添加剂润滑表面的磨痕均出现了明显的棕黄色吸附膜，如图 7.12 所示。通过拉曼光谱分析得，在 647.1 cm^{-1} 处出现了 Mn_3O_4 的拉曼峰位，以及石墨烯的峰位即 D 峰（1343 cm^{-1}）和 G 峰（1587 cm^{-1}）。因此，该吸附膜的成分主要由石墨烯和 Mn_3O_4 纳米粒子组成。此外，相对于常温下的磨痕，高温润滑的磨痕处吸附膜更加明显和均匀，并且在高温下磨痕处 Mn_3O_4 的拉曼峰位（647.1 cm^{-1}）明显增强，说明升高摩擦温度可提升 Mn_3O_4 纳米粒子的表面活性，进而提升了 Mn_3O_4@G 润滑添加剂的高温成膜稳定性和高温润滑减磨性能。此外，通过对 Mn_3O_4@G 润滑添加剂的润滑减磨性能分析可得（6.2.1 节和6.2.2 节），含有 Mn_3O_4 纳米粒子的润滑添加剂（纯 Mn_3O_4 纳米润滑添加剂、混合剂和 Mn_3O_4@G 润滑添加剂）在高温下的润滑减磨性能明显优于在常温下的性能，进一步说明 Mn_3O_4 纳米粒子提升了 Mn_3O_4@G 的高温成膜稳定性。

　　其次，石墨烯表面负载的 Mn_3O_4 纳米粒子可显著提升 Mn_3O_4@G 润滑添加剂的分散稳定性能。负载于石墨烯表面上的 Mn_3O_4 纳米粒子可减

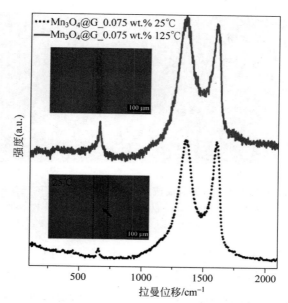

图 7.12　Mn₃O₄@G 润滑添加剂的润滑表面上磨痕处拉曼光谱图

插图为拉曼测试的磨痕光学形貌图

载荷 2 N,速度 2.4 mm/s,时间 40 min,温度 25℃、125℃

小石墨烯间的接触面积,使 Mn₃O₄@G 润滑添加剂之间的吸附和团聚作用减弱。如图 7.13 所示,摩擦实验后从高温油液中提取了 Mn₃O₄@G 和 tRGO 润滑添加剂进行观测。高温摩擦后的 tRGO 产生了大尺寸的团聚体,而 Mn₃O₄@G 保持着良好的分散稳定性。因此,Mn₃O₄ 纳米粒子有效地抑制了 Mn₃O₄@G 润滑添加剂在基础油中的团聚问题,其在高浓度下依然具有优异的润滑减磨性能。

再次,石墨烯层间插层的 Mn₃O₄ 纳米粒子明显增大了石墨烯的层间距,即达到了剥离石墨烯的效果。由图 7.11 所示,当复合添加剂中的纳米粒子被去除后,石墨烯保持着大层间距的微观结构状态。Mn₃O₄ 纳米粒子插层到石墨烯的层间后提升了石墨烯的层间距。层间距的增大使石墨烯的层间滑移能垒更小,更容易实现层间滑移作用。由此可得,负载于石墨烯表面的纳米粒子可明显地抑制石墨烯之间的团聚,而插层到石墨烯层间的纳米粒子可有效地增大石墨烯的层间距,即提升了石墨烯的剥离程度。此外,Mn₃O₄ 纳米粒子化学性质稳定,高温下不会对摩擦界面造成化学腐蚀问题。这里对高温下的 Mn₃O₄@G 润滑添加剂润滑表面的磨痕进行了

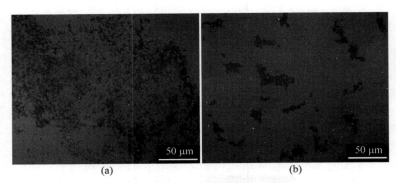

图 7.13　摩擦实验后从高温油液中提取的添加剂颗粒的光学形貌图

载荷 2 N,速度 2.4 mm/s,时间 40 min,温度 125℃

(a) Mn_3O_4@G 0.5 wt.%; (b) tRGO 0.5 wt.%

Mn2p XPS 谱图分析,如图 7.14 所示。640.8 eV 处的 XPS 峰位对应着 Mn_3O_4 中的 Mn^{2+},642.2 eV 处峰位对应着 Mn^{3+}[153]。XPS 谱图中的 644.8 eV 处峰位对应着 Mn^{4+},主要由于添加剂的表面氧化。通过对比 Mn_3O_4@G 润滑添加剂和磨痕处的 Mn2p XPS 谱图可得,Mn_3O_4@G 中的 Mn 价态在摩擦前后基本没有发生变化,即在高温摩擦过程中 Mn_3O_4 化学稳定性好,不会对摩擦界面产生化学腐蚀。

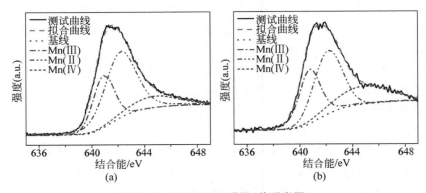

图 7.14　Mn2p XPS 谱图(前附彩图)

载荷 2 N,速度 2.4 mm/s,时间 40 min,温度 125℃

(a) Mn_3O_4@G 润滑添加剂;(b) Mn_3O_4@G 润滑添加剂润滑表面

总之,Mn_3O_4 纳米粒子和石墨烯在 Mn_3O_4@G 中均具有优异的润滑效应。Mn_3O_4 纳米粒子可以稳定吸附在摩擦界面,并且能够有效地抑制石墨烯之间的团聚。Mn_3O_4 纳米粒子与石墨烯具有协同作用,能在界面上形成稳定的吸附保护膜,而保护膜中的石墨烯通过层间滑移作用可进一步提升 $Mn_3O_4@G$ 的润滑减磨性能。

从 $Mn_3O_4@G$ 润滑添加剂润滑表面的磨痕处(图 7.10)提取了 Mn_3O_4 @G 磨屑进行 TEM 分析,如图 7.15 所示。$Mn_3O_4@G$ 磨屑没有产生明显的团聚现象,Mn_3O_4 纳米粒子均匀分布在 $Mn_3O_4@G$ 上,其中的石墨烯仍然保持着片层间相互堆叠状态。另外,对该磨痕处进行 FIB 处理,得到如图 7.16 所示的 $Mn_3O_4@G$ 吸附保护膜 TEM 图像。$Mn_3O_4@G$ 吸附保护

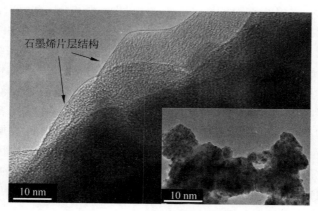

图 7.15　$Mn_3O_4@G$ 润滑添加剂磨屑的 TEM 图像

载荷 2 N,速度 2.4 mm/s,时间 40 min,温度 125℃

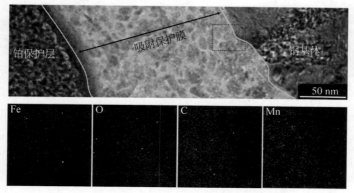

图 7.16　$Mn_3O_4@G$ 吸附保护膜 TEM 图像和摩擦界面处的

Fe,O,C,Mn 元素 EDS 图像(前附彩图)

载荷 2 N,速度 2.4 mm/s,时间 40 min,温度 125℃

膜厚度为 $200\sim300$ nm。对靠近钢基体表面的微区进行 EDS 分析可得,在钢表面上沉积着大量的 C,O 和 Mn 元素。通过拉曼光谱分析(图 7.12),这些成分主要来自 Mn_3O_4 纳米粒子和石墨烯。由此说明,$Mn_3O_4@G$ 中的 Mn_3O_4 纳米粒子和石墨烯在摩擦界面确实产生了协同复合润滑作用。

7.3.3 协同润滑模型

通过对 Mn_3O_4 纳米粒子和石墨烯在 $Mn_3O_4@G$ 中的润滑效应研究得出,$Mn_3O_4@G$ 优异的润滑减磨性能主要源于以上两者的协同润滑减磨作用。因此,本节提出了 $Mn_3O_4@G$ 的协同润滑模型,如图 7.17 所示。$Mn_3O_4@G$ 表面的 Mn_3O_4 纳米粒子降低了石墨烯之间的吸引力,提升了 $Mn_3O_4@G$ 在基础油中的分散稳定性。在滑动作用下,二维片层结构的石墨烯携带着 Mn_3O_4 纳米粒子进入摩擦接触区。在摩擦界面的粗糙峰之间的挤压和滑动作用下,$Mn_3O_4@G$ 表面上的 Mn_3O_4 纳米粒子逐渐脱落,吸附和填充在粗糙峰谷之间,形成了稳定的吸附保护膜,同时也避免了粗糙峰对石墨烯微观结构产生的破坏。$Mn_3O_4@G$ 中的石墨烯具有规整的二维层状结构,在 $Mn_3O_4@G$ 中插层的 Mn_3O_4 纳米粒子增大了石墨烯的层间距,在摩擦过程中,石墨烯会相互堆叠并实现层间滑移作用。而石墨烯层间的 Mn_3O_4 纳米粒子很可能随着石墨烯的层间滑动而在层间微区里产生"滚-滑"效应。

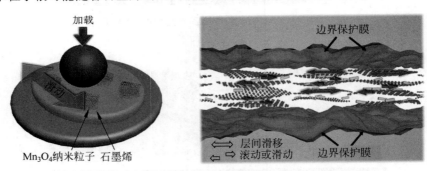

图 7.17　石墨烯复合纳米润滑添加剂的协同润滑模型

7.4　本　章　小　结

本章主要研究了石墨烯润滑添加剂在摩擦过程中的微观结构演变机制及其复合纳米润滑添加剂的协同润滑机理。石墨烯的剥离程度直接影响了其润滑减磨性能和微观结构演变过程。研究发现,石墨烯的剥离程度越高,润滑减磨性能越突出。在摩擦过程中,高度剥离态的石墨烯的微观结构会向着有序甚至石墨化方向转变,并在摩擦界面形成有序的类层状的石墨烯吸附保护膜。更重要的是,该石墨烯保护膜的片层方向与滑动方向一致,说明该石墨烯在界面实现了层间滑移作用。而剥离程度较低的石墨烯,在摩擦力的作用下,其片层结构会发生缺陷并向无序化方向转变,导致了较大的摩擦系数和磨痕深度。因此,并不是所有的具有规整的二维形貌的石墨烯都具有润滑减磨性能,只有在摩擦界面形成有序的易层间滑动的石墨烯保护膜才能实现石墨烯的高效润滑减磨性能。在此基础上,建立了石墨烯微观结构演变规律与其摩擦学性能的对应关系,并得到了摩擦诱导下的石墨烯微观结构演变模型。

石墨烯复合纳米润滑添加剂可显著地提升石墨烯的高温润滑稳定性。为揭示其润滑机理,首先分别研究了石墨烯和纳米粒子在复合纳米润滑添加剂中的润滑效应。研究得出,高温可促进纳米粒子的表面活性,使其更容易吸附在摩擦界面,进而提升了复合纳米润滑添加剂的高温成膜稳定性。此外,负载于石墨烯表面的纳米粒子克服了该添加剂的高温团聚问题,而插层到石墨烯层间的纳米粒子可有效地增大石墨烯的层间距。具有大层间距的石墨烯更易产生层间滑移作用,其润滑作用类似于高度剥离态的石墨烯。在此基础上,揭示了纳米粒子和石墨烯在该复合纳米润滑添加剂中的协同润滑机理,并提出了纳米粒子和石墨烯的协同润滑模型。

第8章 结论与展望

8.1 主要内容和结论

本书系统地研究了石墨烯及其复合纳米润滑添加剂的微观结构调控方法和制备工艺。通过微观结构调控制备出具有优异的润滑减磨性能和自分散稳定特性的石墨烯润滑添加剂；为提升石墨烯润滑添加剂润滑性能的高温稳定性，通过结合石墨烯和纳米粒子各自的摩擦学优势，绿色原位合成了石墨烯复合纳米润滑添加剂。在此基础上，深入研究并揭示了石墨烯在摩擦过程中的微观结构演变机制，阐明了石墨烯的剥离程度对其润滑减磨性能的影响规律，得出了石墨烯润滑添加剂在摩擦过程中的微观结构演变模型；与此同时，揭示了石墨烯复合纳米润滑添加剂的协同润滑机理并提出了石墨烯复合纳米润滑添加剂的协同润滑模型。

本书主要的结果和结论：

（1）对比研究了具有相同微观尺度的工业石墨烯和工业二硫化钼纳米润滑添加剂的摩擦学性能。虽然工业二硫化钼具有较好的摩擦学性能，但对摩擦表面会造成严重的氧化腐蚀；工业石墨烯具有优异的抗氧化腐蚀性能，但其摩擦学性能不理想，在摩擦过程中容易产生润滑失效。研究发现，工业石墨烯润滑失效的原因在于石墨烯润滑添加剂在摩擦过程中容易产生结构缺陷并向无序化转变。而石墨烯的微观结构缺陷会进一步抑制其润滑减磨性能。因此，本书提出后续研究内容：通过微观结构调控制备获得润滑性能优异的石墨烯润滑添加剂。

（2）为控制石墨烯微观结构缺陷，提出了浓硫酸辅助热还原制备石墨烯润滑添加剂（SA-tRGO）的调控方法。该方法可有效抑制还原过程中石墨烯产生的褶皱和空洞等结构缺陷。SA-tRGO 具有规整的二维层状结构，层厚主要分布在 3～4 nm。与工业石墨烯和 d-tRGO 相比，SA-tRGO 具有优异的摩擦学性能，可将基础油的摩擦系数和磨损率分别降低 30% 和 75%。

（3）研究发现,石墨烯的还原和剥离程度直接影响石墨烯润滑添加剂的润滑性能。为提升石墨烯的还原和剥离程度,提出了在较高温度下(700℃)采用惰性气体(氩气)保护还原石墨烯润滑添加剂(HT-tRGO)的调控思路和方法。该调控方法在保持石墨烯规整二维层状结构的基础上,明显提升了石墨烯的还原和剥离程度,相对于 SA-tRGO,HT-tRGO 具有更加优异的润滑和分散稳定性。进一步分析发现,还原程度即含氧量并不是影响石墨烯润滑和分散稳定性的主要原因,例如工业石墨烯含氧量较低,但其润滑减磨性能较差,而且其剥离程度较低容易产生润滑失效。因此,石墨烯的剥离程度对提升石墨烯润滑添加剂的润滑减磨性能和分散稳定性具有更重要的作用。

（4）为进一步提高石墨烯的剥离程度,提出了采用氢氧化钾高温活化还原调控石墨烯剥离程度的思路和方法,获得了高度剥离态的石墨烯润滑添加剂(HE-tRGO-n)。通过调控不同的活化比 n,可制备出不同剥离程度的石墨烯润滑添加剂:当活化比相对较小时($n \leqslant 4$),石墨烯(HE-tRGO-n,$n=0,1,2,4$)的剥离程度越大,摩擦学性能越好;当活化比相对较大时($n>4$),石墨烯(HE-tRGO-n,$n=6,8$)的润滑减磨性能基本稳定不变。以HE-tRGO-4 为例,该石墨烯可将摩擦系数降低 50%,将磨痕深度降低90%。此外,HE-tRGO-4 还具有超高的耐磨稳定性,在连续 12 h 的摩擦磨损实验后仍可保持优异的润滑稳定性。研究发现优异的润滑减磨性能在于HE-tRGO-4 的微观结构在摩擦过程中向着有序化方向转变,这意味着石墨烯的剥离状态直接影响了其在摩擦过程中的微观结构演变过程和摩擦学性能。

（5）研究发现石墨烯润滑添加剂存在高温团聚问题,导致其高温润滑性能不稳定。为解决石墨烯润滑添加剂高温团聚、提升其润滑性能的高温稳定性,提出了绿色原位合成四氧化三锰/石墨烯复合纳米润滑添加剂(Mn_3O_4@G)的方法。该方法巧妙地利用了上述石墨烯制备过程中产生的杂质锰离子作为制备复合纳米润滑添加剂的前驱体,制备获得的复合纳米润滑添加剂结合了石墨烯和纳米粒子各自的摩擦学优势,在极低的浓度下(0.075 wt.%),Mn_3O_4@G 便可以实现高效的润滑减磨性能,尤其是在高温下(125℃),Mn_3O_4@G 可将摩擦系数和磨痕深度分别降低 75% 和96%,即达到摩擦表面零磨损的减磨效果。研究制备的复合纳米润滑添加剂 Mn_3O_4@G 可有效解决石墨烯高温团聚和润滑不稳定的问题。

（6）深入研究了石墨烯及其复合纳米润滑添加剂的润滑机理。石墨烯的剥离程度对石墨烯的微观结构演变规律和摩擦学性能影响巨大:高度剥离态的石墨烯的微观结构在摩擦过程中会向有序甚至石墨化方向转变,而且在摩擦界面形成类层状石墨烯吸附保护膜并实现了层间滑移作用;剥离程度较低的石墨烯,其片层结构会发生缺陷并向无序化方向转变,导致了较大的摩擦系数和磨痕深度。因此,并不是所有的具有规整的二维形貌的石墨烯都具有良好的润滑减磨性能,而只有在摩擦界面形成有序的易层间滑动的石墨烯保护膜才能实现石墨烯的高效润滑减磨性能。石墨烯复合纳米润滑添加剂可显著地提升石墨烯的高温润滑稳定性。高温可促进纳米粒子的表面活性,使其更易吸附在摩擦表面,进而提升了复合纳米润滑添加剂的高温成膜稳定性。此外,负载于石墨烯表面的纳米粒子克服了石墨烯润滑添加剂的高温团聚问题;而插层到石墨烯层间的纳米粒子可有效地增大石墨烯的层间距,具有大层间距的石墨烯更容易产生层间滑移作用。因此,Mn_3O_4 纳米粒子与石墨烯之间的协同润滑作用使该复合纳米润滑添加剂具有优异的摩擦学性能。

8.2　主要贡献和创新点

本书的主要贡献和创新点如下:

(1) 原创性地提出了石墨烯润滑添加剂的微观结构的一系列调控方法和制备工艺。

不同工艺制备的石墨烯润滑添加剂的摩擦学性能差异巨大。为获得具有优异的润滑减磨性能和自分散稳定特性的石墨烯润滑添加剂,本书提出了浓硫酸辅助热还原+高温惰性气体保护还原+氢氧化钾高温活化还原制备石墨烯的调控路径、方法和制备工艺,有效控制了石墨烯的结构缺陷,显著提升了石墨烯的还原程度和剥离程度,获得了润滑减磨性能和自分散性能优异的石墨烯润滑添加剂。

(2) 原创性地提出了绿色原位合成石墨烯复合纳米润滑添加剂的方法和制备工艺。

利用了上述石墨烯制备过程中产生的杂质锰离子作为制备复合纳米润滑添加剂的前驱体,绿色原位合成出了 Mn_3O_4/石墨烯复合纳米润滑添加剂。该复合纳米润滑添加剂中的纳米粒子不仅能够均匀分布在石墨烯的表面,也成功插层到了石墨烯的层间。该复合纳米润滑添加剂结合了石墨烯和纳米粒子各自的摩擦学优势,显著提升了石墨烯润滑添加剂的高温润滑稳定性。解决了石墨烯润滑添加剂高温团聚和高温润滑性能不稳定的问题。

（3）深入研究并揭示了石墨烯润滑添加剂在摩擦过程中的微观结构演变机制。

研究了不同剥离程度的石墨烯在摩擦过程中的微观结构演变机制并建立了石墨烯微观结构演变规律与其摩擦学性能的对应关系。在此基础上，提出了石墨烯润滑添加剂在摩擦过程中的结构演变模型。研究结果表明，并不是所有的具有规整的二维形貌的石墨烯都具有良好的摩擦学性能，而只有在摩擦界面形成易层间滑动的石墨烯保护膜才能实现石墨烯的高效润滑减磨性能。

（4）深入研究并揭示了石墨烯复合纳米润滑添加剂的协同润滑机理。

石墨烯复合纳米润滑添加剂可显著地提升石墨烯润滑性能的高温稳定性。在研究分析石墨烯和纳米粒子在该复合纳米润滑添加剂中的润滑效应的基础上，揭示了石墨烯和纳米粒子在摩擦界面的协同润滑作用机理，并提出了石墨烯复合纳米润添加剂的协同润滑模型。

本书通过微观结构调控方法制备出的石墨烯及其复合纳米润滑添加剂不仅经济环保，而且具有优异的润滑减磨性能，具有重大的应用潜力。关于石墨烯及其复合纳米润滑添加剂的润滑机理研究不仅对其微观结构调控和制备工艺研究具有重要的指导意义，而且对其他润滑添加剂的润滑减磨机理研究同样具有重要的理论意义。

8.3 工 作 展 望

本书中仍需要进一步完善的研究内容如下：

（1）本书采用统一的球磨和过筛处理使制备的石墨烯尺寸保持均一，进而降低了石墨烯的二维尺寸对摩擦学性能的影响。而石墨烯的二维尺寸大小对其摩擦学性能的影响有待深入研究。另外，第 2 章的研究发现，石墨烯在粗糙表面的成膜稳定性较差，那么石墨烯尺寸与摩擦表面的粗糙度对石墨烯的摩擦学性能具有怎样的影响同样值得探究。

（2）为抑制石墨烯在制备过程中产生的褶皱和空洞等结构缺陷，在还原过程中采用了以浓硫酸和氢氧化钾对石墨烯表面进行充分包裹的方法，降低了石墨烯的结构缺陷。以上两种原料为强酸强碱，腐蚀性较大，后续处理相对较繁琐。对于常见的中性盐，如氯化钠和硫酸钾等，同样可尝试将其用于辅助制备具有规整二维层状结构的石墨烯,中性盐溶液的后续处理相对简单并可循环利用。

（3）石墨烯复合纳米润滑添加剂具有优异的高温润滑稳定性。基于协同润滑机理,可在石墨烯的边缘和表面缺陷处适度地掺杂极性元素,例如硫和磷等。一方面极性原子活性高,可显著地提升石墨烯在摩擦界面的成膜稳定性;另一方面,石墨烯具有优异的抗氧化腐蚀性能,可有效地克服极性原子带来的化学腐蚀。

参 考 文 献

[1] HOLMBERG K, ERDEMIR A. Influence of tribology on global energy consumption, costs and emissions[J]. Friction, 2017, 5(3): 263-284.

[2] 温诗铸，黄平. 摩擦学原理[M]. 北京：清华大学出版社，2012.

[3] HOLMBERG K, ANDERSSON P, NYLUND N O, et al. Global energy consumption due to friction in trucks and buses[J]. Tribology International, 2014, 78(4): 94-114.

[4] 薛群基. 摩擦学科学及工程应用现状与发展战略研究——摩擦学在工业节能、降耗、减排中地位与作用的调查[C]//中国工程院化工、冶金与材料工学部学术会议. 北京：化学工业出版社,2010.

[5] ERDEMIR A, RAMIREZ G, ERYILMAZ O L, et al. Carbon-based tribofilms from lubricating oils[J]. Nature, 2016, 536(7614): 67.

[6] BOYDE S. Green Lubricants：Environmental benefits and impacts on lubrication [J]. Green Chemistry, 2002, 4(4): 293-307.

[7] DE BARROS' BOUCHET M, MARTIN J, LE-MOGNE T, et al. Boundary lubrication mechanisms of carbon coatings by MoDTC and ZDDP additives[J]. Tribology International, 2005, 38(3): 257-264.

[8] ZHAO J, HE Y, WANG Y, et al. An investigation on the tribological properties of multilayer graphene and MoS_2 nanosheets as additives used in hydraulic applications[J]. Tribology International, 2016, 97(1): 14-20.

[9] SPIKES H. Low and zero sulphated ash, phosphorus and sulphur anti - wear additives for engine oils[J]. Lubrication Science, 2008, 20(2): 103-136.

[10] ZHOU J, WU Z, ZHANG Z, et al. Tribological behavior and lubricating mechanism of Cu nanoparticles in oil[J]. Tribology Letters, 2000, 8(4): 213-218.

[11] YU H, XU Y, SHI P, et al. Characterization and nano-mechanical properties of tribofilms using Cu nanoparticles as additives [J]. Surface and Coatings Technology, 2008, 203(1-2): 28-34.

[12] PADGURSKAS J, RUKUIZA R, PROSYČEVAS I, et al. Tribological properties of lubricant additives of Fe, Cu and Co nanoparticles[J]. Tribology International, 2013, 60(Complete): 224-232.

[13] LI B, WANG X, LIU W, et al. Tribochemistry and antiwear mechanism of

organic-inorganic nanoparticles as lubricant additives[J]. Tribology Letters, 2006, 22(1): 79-84.

[14] ZHAO Y, ZHANG Z, DANG H. Fabrication and tribological properties of Pb nanoparticles[J]. Journal of Nanoparticle Research, 2004, 6(1): 47-51.

[15] BATTEZ A H, VIESCA J, GONZÁLEZ R, et al. Friction reduction properties of a CuO nanolubricant used as lubricant for a NiCrBSi coating[J]. Wear, 2010, 268(1): 325-328.

[16] MA S, ZHENG S, CAO D, et al. Anti-wear and friction performance of ZrO_2 nanoparticles as lubricant additive[J]. Particuology, 2010, 8(5): 468-472.

[17] BATTEZ A H, RICO J F, ARIAS A N, et al. The tribological behaviour of ZnO nanoparticles as an additive to PAO6[J]. Wear, 2006, 261(3-4): 256-263.

[18] CHEN Z, LIU X, LIU Y, et al. Ultrathin MoS_2 nanosheets with superior extreme pressure property as boundary lubricants[J]. Scientific Reports, 2015, 5(1): 12869.

[19] RAPOPORT L, FLEISCHER N, TENNE R. Fullerene-like WS_2 nanoparticles: Superior lubricants for harsh conditions[J]. Advanced Materials, 2010, 15(7-8): 651-655.

[20] GHAEDNIA H, JACKSON R L, KHODADADI J M. Experimental analysis of stable CuO nanoparticle enhanced lubricants [J]. Journal of Experimental Nanoscience, 2015, 10(1): 1-18.

[21] 胡泽善, 欧忠文, 陈国需, 等. 油溶性烷氧基硼酸钠的制备及其抗磨减磨性能研究[J]. 摩擦学学报, 2001, 21(4): 279-282.

[22] ZHANG Z, LIU W, XUE Q. The tribological behaviors of succinimide-modified lanthanum hydroxide nanoparticles blended with zinc dialkyldithiophosphate as additives in liquid paraffin[J]. Wear, 2001, 248(1): 48-54.

[23] ZHANG M, WANG X, FU X, et al. Performance and anti-wear mechanism of $CaCO_3$ nanoparticles as a green additive in poly-alpha-olefin [J]. Tribology International, 2009, 42(7): 1029-1039.

[24] SHEN M, LUO J, WEN S. The tribological properties of oils added with diamond nano-particles[J]. Tribology transactions, 2001, 44(3): 494-498.

[25] JOLY-POTTUZ L, VACHER B, OHMAE N, et al. Anti-wear and friction reducing mechanisms of carbon nano-onions as lubricant additives[J]. Tribology Letters, 2008, 30(1): 69-80.

[26] CHEN C, CHEN X, XU L, et al. Modification of multi-walled carbon nanotubes with fatty acid and their tribological properties as lubricant additive [J]. Carbon, 2005, 43(8): 1660-1666.

[27] YU B, LIU Z, ZHOU F, et al. A novel lubricant additive based on carbon nanotubes for ionic liquids[J]. Materials Letters, 2008, 62(17-18): 2967-2969.

[28] KINOSHITA H，NISHINA Y，ALIAS A A，et al．Tribological properties of monolayer graphene oxide sheets as water-based lubricant additives[J]．Carbon，2014，66(1)：720-723．

[29] BERMAN D，ERDEMIR A，SUMANT A V．Few layer graphene to reduce wear and friction on sliding steel surfaces[J]．Carbon，2013，54(1)：454-459．

[30] 赵彦保，周静芳，张治军．聚合物纳米微球的合成及摩擦学行为[J]．应用化学．1999，16(4)：33-36．

[31] 黄之杰，费逸伟，王鹤寿．聚四氟乙烯润滑添加剂的使用性能与发展[J]．化工新型材料．2005，33(8)：5-7．

[32] RICO E F，MINONDO I，CUERVO D G．The effectiveness of PTFE nanoparticle powder as an EP additive to mineral base oils[J]．Wear，2007，262(11-12)：1399-1406．

[33] HUANG H，HU H，QIAO S，et al．Carbon quantum dot/CuS$_x$ nanocomposites towards highly efficient lubrication and metal wear repair[J]．Nanoscale，2015，7(26)：11321-11327．

[34] 赵彦保，周静芳，张治军，等．油酸/PS/TiO$_2$复合纳米微球对液状石蜡抗磨性能的影响研究[J]．摩擦学学报．2001，21(1)：73-75．

[35] MENG Y，SU F，CHEN Y．Synthesis of nano-Cu/graphene oxide composites by supercritical CO$_2$-assisted deposition as a novel material for reducing friction and wear[J]．Chemical Engineering Journal，2015，281(1)：11-19．

[36] HISAKADO T，TSUKIZOE T，YOSHIKAWA H．Lubrication mechanism of solid lubricants in oils[J]．ASME，Transactions，Journal of Lubrication Technology(ISSN 0022-2305)，1983，105(2)：245-252．

[37] 夏延秋，丁津原．纳米级金属粉改善润滑油的摩擦磨损性能试验研究[J]．润滑油，1998，13(6)：37-40．

[38] ZHOU J，YANG J，ZHANG Z，et al．Study on the structure and tribological properties of surface-modified Cu nanoparticles[J]．Materials Research Bulletin，1999，34(9)：1361-1367．

[39] TARASOV S，KOLUBAEV A，BELYAEV S，et al．Study of friction reduction by nanocopper additives to motor oil[J]．Wear，2002，252(1-2)：63-69．

[40] 赵彦保．液相分散法制备金属、合金、氧化物、硫化物纳米材料及其摩擦学性能[D]．兰州：中国科学院兰州化学物理研究所固体润滑国家重点实验室，2004．

[41] ZHAO Y，ZHANG Z，DANG H．Synthesis of In-Sn alloy nanoparticles by a solution dispersion method[J]．Journal of Materials Chemistry，2004，14(3)：299-302．

[42] TIAN Y，ZHOU W，YU L，et al．Self-assembly of monodisperse SiO$_2$-zinc borate core-shell nanospheres for lubrication[J]．Materials Letters，2007，61(2)：506-510．

[43] TANNOUS J, DASSEEENOY F, LAHOUIJ I. et al. Understanding the tribochemical mechanisms of IF-MoS$_2$ nanoparticles under boundary lubrication [J]. Tribology Letters, 2011, 41(1): 55-64.

[44] RATOI M, NISTE V B, WALKER J, et al. Mechanism of action of WS$_2$ lubricant nanoadditives in high-pressure contacts[J]. Tribology Letters, 2013, 52(1): 81-91.

[45] YI M, ZHANG C. The synthesis of MoS$_2$ particles with different morphologies for tribological applications [J]. Tribology International, 2017, 116 (1): 285-294.

[46] HU K H, HU X G, XU Y F, et al. The effect of morphology on the tribological properties of MoS$_2$ in liquid paraffin [J]. Tribology Letters, 2010, 40 (1): 155-165.

[47] LIU L, FANG Z, GU A, et al. Lubrication effect of the paraffin oil filled with functionalized multiwalled carbon nanotubes for bismaleimide resin[J]. Tribology Letters, 2011, 42(1): 59-65.

[48] ZHANG L, PU J, WANG L, et al. Frictional dependence of graphene and carbon nanotube in diamond-like carbon/ionic liquids hybrid films in vacuum[J]. Carbon, 2014, 80(1): 734-745.

[49] WU X, GONG K, ZHAO G, et al. MoS$_2$/WS$_2$ quantum dots as high-performance lubricant additive in polyalkylene glycol for steel/Steel contact at elevated temperature[J]. Advanced Materials Interfaces, 2018, 5(1): 1700859.

[50] DESANKER M, JOHNSON B, SEYAM A M, et al. Oil-soluble silver-organic molecule for in situ deposition of lubricious metallic silver at high temperatures [J]. ACS Applied Material Interfaces, 2016, 8(21): 13637-13645.

[51] RAPOPORT L, LVOVSKY M, LAPSKER I, et al. Slow release of fullerene-like WS$_2$ nanoparticles from Fe-Ni graphite matrix: A self-lubricating nanocomposite[J]. Nano Letters, 2001, 1(3): 137-140.

[52] ZHAO J, MAO J, LI Y, et al. Friction-induced nano-structural evolution of graphene as a lubrication additive[J]. Applied Surface Science, 2018, 434(1): 21-27.

[53] SONG H-J, JIA X-H, LIN, et al. Synthesis of α-Fe$_2$O$_3$ nanorod/graphene oxide composites and their tribological properties[J]. Journal of Materials Chemistry, 2012, 22(3): 895-902.

[54] ZHANG Y, TANG H, JI X, et al. Synthesis of reduced graphene oxide/Cu nanoparticle composites and their tribological properties [J]. RSC Advances, 2013, 3(48): 26086-26093.

[55] BAI G, WANG J, YANG Z, et al. Preparation of a highly effective lubricating oil additive-ceria/graphene composite [J]. RSC Advances, 2014, 4 (87):

47096-47105.

[56] MENG Y, SU F, CHEN Y. Au/graphene oxide nanocomposite synthesized in supercritical CO_2 fluid as energy efficient lubricant additive[J]. ACS Applied Material Interfaces, 2017, 9(45): 39549-39559.

[57] KALIN M, KOGOVŠEK J, REMŠKAR M. Nanoparticles as novel lubricating additives in a green, physically based lubrication technology for DLC coatings [J]. Wear, 2013, 303(1-2): 480-485.

[58] KOGOVŠEK J, REMŠKAR M, KALIN M. Lubrication of DLC-coated surfaces with MoS_2 nanotubes in all lubrication regimes: Surface roughness and running-in effects[J]. Wear, 2013, 303(1-2): 361-370.

[59] SHI S, WU J, HUANG T, et al. Improving the tribological performance of biopolymer coating with MoS_2 additive[J]. Surface and Coatings Technology, 2016, 303(1): 250-255.

[60] NOVOSELOV K S, GEIM A K, MOROZOV S V, et al. Electric field effect in atomically thin carbon films[J]. Science, 2004, 306(5696): 666-669.

[61] GEIM A K, NOVOSELOV K S. The rise of graphene[J]. Nature Materials, 2007, 6(3): 183-191.

[62] NOVOSELOV K, JIANG D, SCHEDIN F, et al. Two-dimensional atomic crystals[J]. Proceedings of the National Academy of Sciences of the United States of America, 2005, 102(30): 10451-10453.

[63] LEE J H, LEE E K, JOO W J, et al. Wafer-scale growth of single-crystal monolayer graphene on reusable hydrogen-terminated germanium[J]. Science, 2014, 344(6181): 286-289.

[64] FERRALIS N. Probing mechanical properties of graphene with Raman spectroscopy[J]. Journal of Materials Science, 2010, 45(19): 5135-5149.

[65] LEE C, WEI X, KYSAR J W, et al. Measurement of the elastic properties and intrinsic strength of monolayer graphene [J]. Science, 2008, 321 (5887): 385-388.

[66] STOLLER M D, PARK S, ZHU Y, et al. Graphene-based ultracapacitors[J]. Nano Letters, 2008, 8(10): 3498-3502.

[67] DOU X, KOLTONOW A R, HE X, et al. Self-dispersed crumpled graphene balls in oil for friction and wear reduction[J]. Proceedings of the National Academy of Sciences of the United States of America, 2016, 113 (6): 1528-1533.

[68] LI Y, ZHAO J, TANG C, et al. Highly exfoliated reduced graphite oxide powders as efficient lubricant oil additives[J]. Advanced Materials Interfaces, 2016, 3(22): 1600700.

[69] BONACCORSO F, LOMBARDO A, HASAN T, et al. Production and

processing of graphene and 2d crystals[J]. Materials Today, 2012, 15(12): 564-589.

[70] 姜丽丽, 鲁雄. 石墨烯制备方法及研究进展[J]. 功能材料, 2012, 43(23): 3185-3189,3193.

[71] 胡忠良, 蒋海云, 赵学辉, 等. 石墨烯制备的方法、特性及基本原理[J]. 材料导报, 2014, 28(6): 38-42.

[72] NOVOSELOV K S, FAL V, COLOMBO L, et al. A roadmap for graphene. [J] Nature, 2012, 490(7419): 192-200.

[73] LU X, YU M, HUANG H, et al. Tailoring graphite with the goal of achieving single sheets[J]. Nanotechnology, 1999, 1099(3): 269-272.

[74] ZHANG Y, SMALL J P, PONTIUS W V, et al. Fabrication and electric-field-dependent transport measurements of mesoscopic graphite devices[J]. Applied Physics Letters, 2005, 86(7): 073104.

[75] LEÓN V, RODRÍGUEZ A M, PRIETO P, et al. Exfoliation of graphite with triazine derivatives under ball-milling conditions: Preparation of few-layer graphene via selective noncovalent interactions. [J]. Acs Nano, 2014, 8(1): 563-571.

[76] NORIMATSU W, KUSUNOKI M. Transitional structures of the interface between graphene and 6H-SiC (0001)[J]. Chemical Physics Letters, 2009, 468(1-3): 52-56.

[77] REINA A, JIA X, HO J, et al. Large area, few-layer graphene films on arbitrary substrates by chemical vapor deposition[J]. Nano Letters, 2008, 9(1): 30-35.

[78] SRIVASTAVA S K, SHUKLA A, VANKAR V, et al. Growth, structure and field emission characteristics of petal like carbon nano-structured thin films[J]. Thin Solid Films, 2005, 492(1-2): 124-130.

[79] HUMMERS W S, OFFEMAN R E. Preparation of graphitic oxide[J]. Journal of the American Chemical Society, 1958, 80(6): 1334-1339.

[80] KOVTYUKHOVA N I, OLLIVIER P J, MARTIN B R, et al. Layer-by-layer assembly of ultrathin composite films from micron-sized graphite oxide sheets and polycations[J]. Chemistry of Materials, 1999, 11(3): 771-778.

[81] LI D, MÜLLER M B, GILJE S, et al. Processable aqueous dispersions of graphene nanosheets[J]. Nature Nanotechnology, 2008, 3(2): 101-105.

[82] STANKOVICH S, DIKIN D A, PINER R D, et al. Synthesis of graphene-based nanosheets via chemical reduction of exfoliated graphite oxide[J]. Carbon, 2007, 45(7): 1558-1565.

[83] XU Y, SHENG K, LI C, et al. Self-assembled graphene hydrogel via a one-step hydrothermal process[J]. ACS Nano, 2010, 4(7): 4324-4330.

[84] JU H-M, HUH S-H, CHOI S-H, et al. Structures of thermally and chemically reduced graphene[J]. Materials Letters, 2010, 64(3): 357-360.

[85] HUH S-H. Thermal reduction of graphene oxide[M]. Physics and Applications of Graphene-Experiments: InTech, 2011.

[86] JU H-M, CHOI S-H, HUH S-H. X-ray diffraction patterns of thermally-reduced graphenes[J]. Journal of the Korean Physical Society. 2010, 57(6): 1649-1652.

[87] HANESCH M. Raman spectroscopy of iron oxides and (oxy) hydroxides at low laser power and possible applications in environmental magnetic studies[J]. Geophysical Journal International. 2009, 177(3): 941-948.

[88] LIANG S, SHEN Z, YI M, et al. In-situ exfoliated graphene for high-performance water-based lubricants[J]. Carbon, 2016, 96(1): 1181-1190.

[89] CHEN Z, LIU Y, LUO J. Tribological properties of few-layer graphene oxide sheets as oil-based lubricant additives[J]. Chinese Journal of Mechanical Engineering, 2016, 29(2): 439-444.

[90] ZHAO J, LI Y, WAMG Y, et al. Mild thermal reduction of graphene oxide as a lubrication additive for friction and wear reduction[J]. RSC Advances, 2017, 7(3): 1766-1770.

[91] ESWARAIAH V, SANKARANARAYANAN V, RAMAPRABHU S. Graphene-based engine oil nanofluids for tribological applications[J]. ACS Applied Material Interfaces, 2011, 3(11): 4221-4227.

[92] ZHAO J, LI Y, MAO J, et al. Synthesis of thermally reduced graphite oxide in sulfuric acid and its application as an efficient lubrication additive[J]. Tribology Internaitonal, 2017, 116(1): 303-309.

[93] CHOUDHARY S, MUNGSE H P, KHATRI O P. Dispersion of alkylated graphene in organic solvents and its potential for lubrication applications[J]. Journal of Materials Chemistry, 2012, 22(39): 21032-21039.

[94] 乔玉林, 赵海朝, 臧艳, 等. 石墨烯负载纳米 Fe_3O_4 复合材料的摩擦学性能[J]. 无机材料学报, 2015, 30(1): 41-46.

[95] FERRARI A C. Raman spectroscopy of graphene and graphite: Disorder, electron-phonon coupling, doping and nonadiabatic effects[J]. Solid State Communications, 2007, 143(1-2): 47-57.

[96] SAHOO R, BISWAS S. Effect of layered MoS_2 nanoparticles on the frictional behavior and microstructure of lubricating greases[J]. Tribology Letters, 2014, 53(1): 157-171.

[97] JIANG L, LAN Y, HE Y, et al. 1, 2, 4-Triazole as a corrosion inhibitor in copper chemical mechanical polishing[J]. Thin Solid Films, 2014, 556(1): 395-404.

[98]   JIANG L, LAN Y, H E Y, et al. Functions of Trilon® P as a polyamine in copper chemical mechanical polishing[J]. Applied Surface Science, 2014, 288 (1): 265-274.

[99]   KALIN M, VELKAVRH I, VIŽINTIN J. The stribeck curve and lubrication design for non-fully wetted surfaces[J]. Wear, 2009, 267(5-8): 1232-1240.

[100]   KOROTEEV V, BULUSHEVA L, ASANOV I, et al. Charge transfer in the MoS_2/carbon nanotube composite[J]. The Journal of Physical Chemistry C, 2011, 115(43): 1199-1204.

[101]   MORINA A, NEVILLE A, PRIEST M, et al. ZDDP and MoDTC interactions in boundary lubrication—the effect of temperature and ZDDP/MoDTC ratio[J]. Tribology International, 2006, 39(12): 1545-1557.

[102]   DESCOSTES M, MERCIER F, THROMAT N, et al. Use of XPS in the determination of chemical environment and oxidation state of iron and sulfur samples: Constitution of a data basis in binding energies for Fe and S reference compounds and applications to the evidence of surface species of an oxidized pyrite in a carbonate medium[J]. Applied Surface Science, 2000, 165(4): 288-302.

[103]   AL-HARTHI S, AL-BARWANI M, ELZAIN M, et al. Self-assembly of $CuSO_4$ nanoparticles and bending multi-wall carbon nanotubes on few-layer graphene surfaces[J]. Applied Physics A, 2011, 105(2): 469-477.

[104]   齐尚奎, 薛群基. 二硫化钼表面氧化行为的研究（Ⅱ）—二硫化钼摩擦表面氧化与电子转移的研究[J]. 摩擦学学报, 1994, 14(1): 17-24.

[105]   TUNG V C, ALLEN M J, YANG Y, et al. High-throughput solution processing of large-scale graphene[J]. Nature Nanotechnology, 2009, 4(1): 25-29.

[106]   KLUG H P, ALEXANDER L E. X-Ray Diffraction Procedures: For polycrystalline and amorphous materials[M]. 2nd ed. New York: Wiley & Sons, 1974.

[107]   JOLY-POTTUZ L, MATSUMOTO N, KINOSHITA H, et al. Diamond-derived carbon onions as lubricant additives[J]. Tribology International, 2008, 41(2): 69-78.

[108]   王慰祖, 黄平. 不同表面粗糙度的摩擦副润滑状态的 Stribeck 曲线研究[J]. 摩擦学学报 2004, 24(3): 254-257.

[109]   胡志宏, 李松生, 陈萍, 等. 超高速主轴轴承内部润滑状态分析[J]. 润滑与密封. 2009, 34(10): 31-35, 40.

[110]   XU L, MA T, HU Y, et al. Vanishing stick-slip friction in few-layer graphenes: the thickness effect[J]. Nanotechnology, 2011, 22(28): 285708.

[111]   KOGOVŠEK J, KALIN M. Various MoS_2-, WS_2-and C-based micro-and

nanoparticles in boundary lubrication[J]. Tribology Letters, 2014, 53(3): 585-597.

[112] KUDIN K N, OZBAS B, SCHNIEPP H C, et al. Raman spectra of graphite oxide and functionalized graphene sheets[J]. Nano Letters, 2008, 8(1): 36-41.

[113] MURALI S, POTTS JR, STOLLER S, et al. Preparation of activated graphene and effect of activation parameters on electrochemical capacitance[J]. Carbon, 2012, 50(10): 3482-3485.

[114] ZHANG L L, ZHAO X, STOLLER M D, et al. Highly conductive and porous activated reduced graphene oxide films for high-power supercapacitors[J]. Nano Letters, 2012, 12(4): 1806-1812.

[115] ZHU Y, MURALI S, STOLLER M D, et al. Carbon-based supercapacitors produced by activation of graphene[J]. Science, 2011, 332(6037): 1537-1541.

[116] ZHANG L, LIANG J, HUANG Y, et al. Size-controlled synthesis of graphene oxide sheets on a large scale using chemical exfoliation[J]. Carbon, 2009, 47(14): 3365-3368.

[117] PENG Y, WANG Z, ZOU K. Friction and wear properties of different types of graphene nanosheets as effective solid lubricants[J]. Langmuir, 2015, 31(28): 7782-7791.

[118] MENG Y, SU F, CHEN Y. A novel nanomaterial of graphene oxide dotted with Ni nanoparticles produced by supercritical CO_2-assisted deposition for reducing friction and wear[J]. ACS Applied Material Interfaces, 2015, 7(21): 11604-11612.

[119] 陈波水, 董浚修. 镧-硼复合润滑添加剂的协合润滑机理[J]. 中国稀土学报, 1996, 14(4): 306-310.

[120] 许一, 张保森, 徐滨士, 等. 纳米金属/层状硅酸盐复合润滑添加剂的摩擦学性能[J]. 功能材料, 2011, 42(8): 1368-1371.

[121] 傅玲. 氧化石墨和聚吡咯/氧化石墨纳米复合材料的制备、表征及应用研究[D]. 湖南: 湖南大学材料科学与工程学院, 2005.

[122] PAN S, AKSAY I A. Factors controlling the size of graphene oxide sheets produced via the graphite oxide route[J]. ACS Nano, 2011, 5(5): 4073-4083.

[123] LI J, KUDIN K N, MCALLISTER M J, et al. Oxygen-driven unzipping of graphitic materials[J]. Physical Review Letters, 2006, 96(17): 176101.

[124] LI Z, ZHANG W, LUO Y, et al. How graphene is cut upon oxidation? [J] Journal of the American Chemical Society, 2009, 131(18): 6320-6321.

[125] LIU C, SONG H, ZHANG C, et al. Coherent Mn_3O_4-carbon nanocomposites with enhanced energy-storage capacitance[J]. Nano Research, 2015, 8(10): 3372-3383.

[126] LIU L, SU L, LANG J, et al. Controllable synthesis of Mn_3O_4 nanodots@

nitrogen-doped graphene and its application for high energy density supercapacitors[J]. Journal of Material Chemistry A, 2017, 5(11): 5523-5531.

[127] WANG Z, GENG D, ZHANG Y, et al. Morphology, structure and magnetic properties of single-crystal Mn_3O_4 nanorods[J]. Journal of Crystal Growth, 2008, 310(18): 4148-4151.

[128] LI L, SENG K H, LIU H, et al. Synthesis of Mn_3O_4-anchored graphene sheet nanocomposites via a facile, fast microwave hydrothermal method and their supercapacitive behavior[J]. Electrochimica Acta, 2013, 87(1): 801-808.

[129] CRANSTON R T, INKLEY F. The Determination of pore structures from nitrogen adsorption isotherms [J]. Advances in Catalysis, 1957, 9(1): 143-154.

[130] BARRETT E P, JOYNER L G, HALENDA P P. The determination of pore volume and area distributions in porous substances I. Computations from nitrogen isotherms [J]. Journal of the American Chemical society, 1951, 73(1): 373-380.

[131] 何余生, 李忠, 奚红霞, 等. 气固吸附等温线的研究进展[J]. 离子交换与吸附, 2004, 20(4): 376-384.

[132] ZHAO H, WANG Y, WANG Y, et al. Electro-Fenton oxidation of pesticides with a novel Fe_3O_4 @ Fe_2O_3/activated carbon aerogel cathode: High activity, wide pH range and catalytic mechanism [J]. Applied Catalysis B: Environmental, 2012, 125(1): 120-127.

[133] WANG H, TEETER G, TURNER J A. Modifying a stainless steel via electrochemical nitridation[J]. Journal of Materials Chemistry, 2011, 21(7): 2064-2066.

[134] CAO C-Y, QU J, YAN W-S, et al. Low-cost synthesis of flowerlike α-Fe_2O_3 nanostructures for heavy metal ion removal: adsorption property and mechanism [J]. Langmuir, 2012, 28(9): 4573-4579.

[135] DUBAL D, DHAWALE D, SALUNKHE R, et al. A novel chemical synthesis of Mn_3O_4 thin film and its stepwise conversion into birnessite MnO_2 during super capacitive studies [J]. Journal of Electroanalytical Chemistry, 2010, 647(1): 60-65.

[136] SHARMA R, RASTOGI A, DESU S. Manganese oxide embedded polypyrrole nanocomposites for electrochemical supercapacitor [J]. Electrochimica Acta, 2008, 53(26): 7690-7695.

[137] PELUSO M A, GAMBARO L A, PRONSATO E, et al. Synthesis and catalytic activity of manganese dioxide (type OMS-2) for the abatement of oxygenated VOCs[J]. Catalysis Today, 2008, 133(1): 487-492.

[138] TIAN Z, LI J, ZHU G, et al. Facile synthesis of highly conductive sulfur-doped reduced graphene oxide sheets[J]. Physical Chemistry Chemical Physics, 2016, 18(2): 1125-1130.

[139] SHIN Y J, STROMBERG R, NAY R, et al. Frictional characteristics of exfoliated and epitaxial graphene[J]. Carbon, 2011, 49(12): 4070-4073.

[140] KIM K-S, LEE H-J, LEE C, et al. Chemical vapor deposition-grown graphene: the thinnest solid lubricant[J]. ACS Nano, 2011, 5(6): 5107-5114.

[141] ZHENG X, GAO L, YAO Q, et al. Robust ultra-low-friction state of graphene via moiré superlattice confinement [J]. Nature Communication, 2016, 7(1): 13204.

[142] LIU S, WANG H, XU Q, et al. Robust microscale superlubricity under high contact pressure enabled by graphene-coated microsphere [J]. Nature Communication, 2017, 8(1): 14029.

[143] HUANG B, LIU M, SU N, et al. Quantum manifestations of graphene edge stress and edge instability: A first-principles study [J]. Physical Review Letters, 2009, 102(16): 166404.

[144] RITTER K A, LYDING J W. The influence of edge structure on the electronic properties of graphene quantum dots and nanoribbons[J]. Nature Materials, 2009, 8(3): 235-242.

[145] XIAO J, ZHANG L, ZHOU K, et al. Anisotropic friction behaviour of highly oriented pyrolytic graphite[J]. Carbon, 2013, 65(1): 53-62.

[146] GUO Y, GUO W, CHEN C. Modifying atomic-scale friction between two graphene sheets: A molecular-force-field study[J]. Physics Letters B, 2007, 76(15): 155429.

[147] MARGENAU H. Van der Waals forces[J]. Reviews of Modern Physics, 11(1): 1-35.

[148] REGUZZONI M, FASOLINO A, MOLINARI E, et al. Friction by shear deformations in multilayer graphene[J]. The Journal of Physical Chemistry C, 2012, 116(39): 21104-21108.

[149] 张志力, BRYDSON R, WESTWOOD A, 等. 类玻璃碳材料的 EELS 分析[J]. 稀有金属材料与工程, 2007, 36(A02): 757-759.

[150] 王维洁, 才勇, 王天民. 电子能量损失谱在类金刚石碳膜结构表征中的应用[J]. 微细加工技术, 1993(4): 13-22.

[151] JOLY-POTTUZ L, MATSUMOTO N, KINOSHITA H, et al. Diamond-derived carbon onions as lubricant additives[J]. Tribology International, 2008, 41(2): 69-78.

[152] WANG Z H, GENG D Y, ZHANG Y J, et al. Morphology, structure and magnetic properties of single-crystal Mn_3O_4 nanorods[J]. Journal of Crystal Growth, 2008, 310 (18): 4148-4151.

[153] ZHANG-STEENWINKEL Y, BECKERS J, BLIEK A. Surface properties and catalytic performance in CO oxidation of cerium substituted lanthanum-manganese oxides[J]. Applied Catalysis A General, 2002, 235(1-2): 79-92.

在学期间发表的学术论文与研究成果

[1] **Zhao J**,He Y Y,Wang Y F,Wang W,Yan L,Luo J B. An investigation on the tribological properties of multilayer graphene and MoS2 nanosheets as additives used in hydraulic applications. Tribology International,2016,97：14-20.（SCI 收录,检索号：DJ4RL,影响因子：2.903,**ESI 高被引论文**）

[2] **Zhao J**,Li Y R,Wang Y F,Mao J Y,He Y Y,Luo J B. Mild thermal reduction of graphene oxide as a lubrication additive for friction and wear reduction. RSC Advances,2017,7（3）：1766-1770.（SCI 收录,检索号：EK2FY,影响因子：3.108）

[3] **Zhao J**,Li Y R,Mao J,He Y Y,Luo J B. Synthesis of thermally reduced graphite oxide in sulfuric acid and its application as an efficient lubrication additive. Tribology International,2017,116：303-309.（SCI 收录,检索号：FH9OC,影响因子：2.903）

[4] **Zhao J**,Mao J Y,Li Y R,He Y Y,Luo J B. Friction-induced nano-structural evolution of graphene as a lubrication additive. Applied Surface Science,2018,434：21-27.（SCI 收录,检索号：FR5OT,影响因子：3.387）

[5] **Zhao J**,Gao M,Ma M X,Cao X F,He Y Y,Wang W H,Luo J B. Influence of annealing on the tribological properties of Zr-based bulk metallic glass. Journal of Non-Crystalline Solids,2018,481：94-97.（SCI 收录,检索号：FU1YU,影响因子：2.124）

[6] **Zhao J**,Wang Y F,Wang W,He Y Y,Luo J B. An investigation on tribological properties of graphene and MoS2 nanoparticles as additives in aviation hydraulic oil. The 70th Annual Meeting of the Society of Tribologists and Lubrication Engineers 2015（STLT 2015）,Dallas,America,2015.（国际会议论文集收录）

[7] **Zhao J**,Mao J Y,Li Y R,He Y Y,Luo J B. Highly Exfoliated Reduced Graphite Oxide Using as Efficient Lubricant Oil Additives. The 4th International Tribology Symposium of IFToMM 2017（ITS-IFToMM 2017）,Jeju,Korea,2017.（国际会议论文集收录）

[8] **Zhao J**,Mao J Y,Li Y R,Wang W,He Y Y,Luo J B. Multiple Ways to Synthesis of Thermally Reduced Graphene Additives and Reaching High-Efficiency Lubrication. The 6th World Tribology Congress 2017（WTC 2017）,BeiJing,China,2017.（国际会议论文集收录）

[9] **赵军**,毛俊元,李英儒,何永勇,雒建斌. 摩擦诱导石墨烯润滑添加剂的微观结构演变机制. 2018 年全国青年摩擦学学术会议,福州,中国,2018. (国内会议论文集收录)

[10] **赵军**,高萌,何永勇,汪卫华,雒建斌. 大块锆基金属玻璃摩擦学性能研究. 第十二届全国摩擦学大会暨 2015 年全国青年摩擦学学术会议,成都,中国,2015. (国内会议论文集收录)

[11] Li Y R,**Zhao J**,Tang C,He Y Y,Wang Y F,Chen J,Mao J Y,Zhou Q Q,Wang B Y,Wei,F,Luo J B,Shi G Q. Highly exfoliated reduced graphite oxide powders as efficient lubricant oil additives. Advanced Materials Interfaces,2016,3(22): 1600700. (SCI 收录,检索号:EO1FQ,影响因子:4.279)

[12] Mao J,**Zhao J**,Wang W,He Y Y,Luo J B. Influence of the micromorphology of reduced graphene oxide sheets on lubrication properties as a lubrication additive. Tribology International,2018,119: 614-621. (SCI 收录,检索号:FW0DB,影响因子:2.903)

[13] Wang W,He YY,**Zhao J**,Li Y,Luo J B. Numerical optimization of the groove texture bottom profile for thrust bearings. Tribology International,2017,109: 69-77. (SCI 收录,检索号:EM9DM,影响因子:2.903)

[14] Wang Y F,Guo J M,**Zhao J**,Ding D L,He Y Y,Zhang J Y. Medium ion energy synthesis of hard elastic fullerene-like hydrogenated carbon film with ultra-low friction and wear in humid air. Materials Letters,2015,143: 188-190. (SCI 收录,检索号:CC7AN,影响因子:2.572)

[15] Wang Y,Ling X,Wang Y F,**Zhao J**,Zhang J Y. The tribological behaviors between fullerene-like hydrogenated carbon films produced on Si substrates,steel and Si3N4 balls. Tribology International,2017,115: 518-524. (SCI 收录,检索号:FC9UZ,影响因子:2.903)

研究成果

[1] 何永勇,赵军,雒建斌,王永富,王伟. 复合液压油及其制备方法和用途:中国,CN 104789299A(中国专利公开号).

[2] 何永勇,赵军,李英儒,毛俊元,雒建斌. 制备膨化石墨烯润滑剂添加剂的方法、膨化石墨烯剂滑油添加剂和润滑剂:中国,CN 106566592A(中国专利公开号).

[3] 何永勇,赵军,王永富,毛俊元,雒建斌. 增强液压系统摩擦副耐磨特性的方法及液压系统摩擦副、液压系统:中国,CN 107245697A(中国专利公开号).

[4] 何永勇,赵军,王永富,雒建斌,王伟. 提高轴承耐磨性能的方法及轴承:中国,CN 107217228A(中国专利公开号).

[5] 何永勇,赵军,李英儒,毛俊元,雒建斌. 石墨烯/四氧化三锰复合纳米润滑添加剂及其合成方法:中国,CN 107805530A(中国专利公开号).

［6］ 何永勇,李杨,王伟,赵军,胡宝国. 一种金属材料表面渗氮沉积复合减摩耐磨改性层制备方法：中国,CN 106884136A(中国专利公开号).

［7］ 全国青年摩擦学学术会议优秀论文奖. 颁奖部门：中国机械工程学会摩擦学分会青年工作委员会. 获奖时间：2018 年 4 月.

［8］ 清华大学机械工程系研究生"学术新秀". 颁奖部门：清华大学机械工程系. 获奖时间：2018 年 4 月.

［9］ 博士研究生国家奖学金. 颁奖部门：中华人民共和国教育部. 获奖时间：2017 年 12 月.

［10］ 摩擦学国家重点实验室学术报告优秀奖. 颁奖部门：摩擦学国家重点实验室. 获奖时间：2016 年 12 月.

［11］ 清华大学机械系博士生学术论坛最佳张贴报告奖. 颁奖部门：清华大学机械工程系. 获奖时间：2016 年 6 月.

［12］ 清华大学机械工程工程系文体奖学金. 颁奖部门：清华大学机械工程系. 获奖时间：2015 年 12 月.

致　　谢

由衷地感谢导师雒建斌院士在我的博士学习生涯中给予的启发和教导，为我在学术生涯里打开了一扇门。雒老师对科学前沿的专注精神、对科研问题的严谨态度和对学生发展的殷切关注，必将使我受益终身。

真诚地感谢何永勇副研究员在科研实验和学术论文写作上对我的细心指导和无私帮助。何老师认真求实的作风和平易近人的品格，深深地感染和激励着我。

感谢中国工程物理研究院李英儒助理研究员和中国科学院兰州化学物理研究所王永富师兄对课题工作提供的指导和帮助，同时感谢课题组里的王伟师姐、毛俊元师弟和胡宇桐师妹等对我的建议和帮助。

感谢摩擦学国家重点实验室的全体老师和同窗们的帮助和支持！

特别感谢我的家人对我的支持和理解，感谢你们一直以来对我的关爱和鼓励。

本课题由国家自然科学基金和国家重点基础研究发展计划"973"项目资助，特此感谢！

赵　军

2021 年 5 月